Salty Bread

Sweet Bread

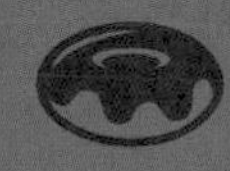
Bagel

Pizza

Toast

Salty Bread

Sweet Bread

Bagel

Pizza

Toast

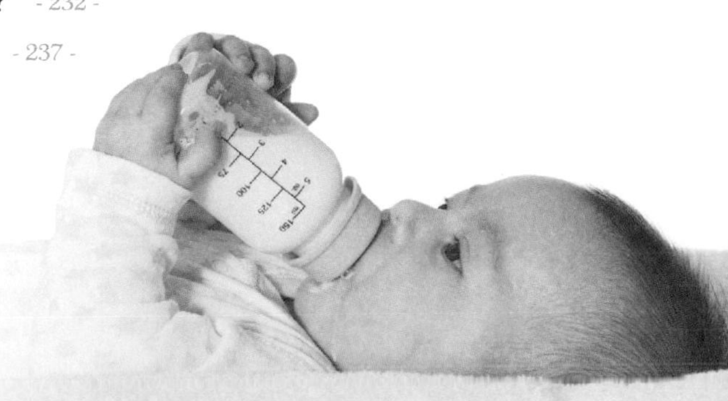

給孩子一生的禮物：適當的營養及良好的飲食習慣

人從出生後就不斷的在「吃」，除了滿足口慾，飲食也是文化的一部分，但最重要的目的還是藉著食物提供身體所需要的營養。正確、適量和均衡的營養不但是維持和促進健康所必需，還可以預防肥胖、心血管疾病和糖尿病等這些危害現代人健康的慢性病。

「怎樣吃才健康？」是人人都應該修習的課程，對嬰幼兒尤其重要，為什麼呢？因為從出生到 2 歲是人生當中很特別的一個時期：

一、生長非常快速

2 歲的幼兒體重是出生時的 4 倍，身高 1.7 倍，頭圍（代表腦部的生長）1.4 倍，這樣的生長幅度人生中沒有任何階段能及得上。

二、各個器官系統成熟得很快

尤其腦部的發展速度更是驚人，出生時完全無助的新生兒，2 歲時已經會跑、跳、說話，變成一個具有自主性的小人兒了！

三、開始學習進食技巧及建立飲食習慣

嬰兒從只會吸奶，逐漸學會如何咀嚼和吞嚥各種食物、使用餐具和自己吃飯，並且發展出對食物的喜好及熟悉基本的餐桌禮儀，2 歲的孩子已經可以坐在餐桌上跟家人一起吃飯了，主宰一生的飲食行為儼然已經成形。

可想而知這段時期的營養有多麼重要！營養足夠且均衡，孩子才能正常的生長發育，並奠定終生健康的基礎；相反的，營養欠缺或偏差也一定會影響健康，產生的某些後果甚至日後想彌補都很難。此外，年幼的時候養成的良好生活習慣通常都會持續下去，終生受用無窮。

然而，嬰幼兒能力有限，無法替自己選擇食物，咀嚼和吞嚥技巧也不夠成熟，每個階段適合的食物都不一樣，他們學習進食技巧和禮儀的過程更不是自發的，這個責任當然就落在照顧者的身上囉！父母身負重任卻經驗不足，只要有心，想必都和春嬌妹一樣會渴求育兒知識吧！回想起我還是新手媽媽的時候，也跟大家一樣被網路上、親友間各種各樣的「經驗談」弄得眼花撩亂、無所適從！其實現在醫療進步，有關嬰幼兒飲食和營養的醫學研究如雨後春筍，相關議題都在科學證據的指引下有了明確的方向，奉勸爸媽與其參考網路上的個人經驗，不如多聽聽醫療專業人員怎麼說。

在這本《資深兒科醫師開講！ 0 ~ 2 歲寶貝的飲食全攻略》中，我們非常幸運的專訪了台南安安婦幼中心的資深兒科醫師—朱曉慧醫師，朱醫師已有 40 年的臨床經驗，並長期關心嬰幼兒的生長與發育，她為我們蒐集並整理了最新的醫學資訊，提供家長正確的育兒觀念與方法，同時也導正不少網路流言，以及坊間錯誤或過時的看法與做法。

身為父母，最期待的莫過於孩子能健康的長大了！我們想將這本書獻給您，相信對新手爸媽會有所幫助，也希望您的孩子能因此終生受惠。

第1章

ㄋㄟㄋㄟ 擂台戰

教你看懂母奶和配方奶

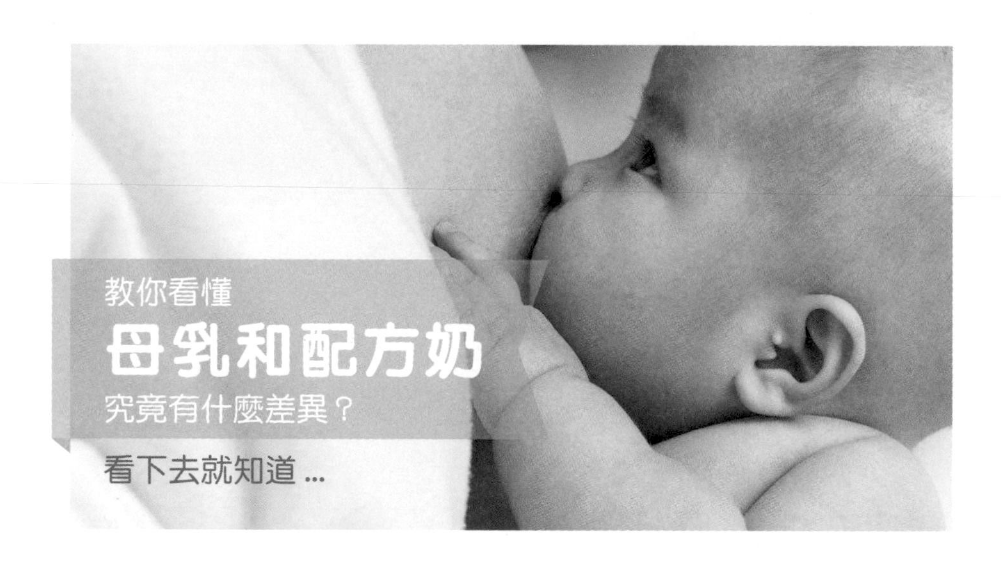

懷胎十月，對每個媽媽來說想必都是既甜蜜又感動的難忘經驗，倒數三個月、兩個月、一個月，終於可以把香香軟軟的小寶貝抱在懷中，所有的辛苦都在這一刻煙消雲散。當全家沉浸在喜悅之中，首先碰上的就是寶寶的「**擇奶**」問題。

世界衛生組織自 2002 年起大力在全球提倡母乳哺育，餵哺母乳逐漸蔚為世界潮流。根據國民健康署的統計資料，近年來我國純母乳哺育至 6 個月大仍有近 50% 的比率，成績斐然！但這也表示仍然有一半以上的寶寶是以配方奶哺育或採混合哺育的。

聽說...

母乳6個月後

聽說...

就沒有營養了？？

聽說...

喝奶粉才有營養？

聽說...

到底是從哪裡聽說...？

我曾跟許多媽媽聊過天，發現即使哺餵母乳已經如此普及，仍然有不少媽媽並不了解母乳的好處，甚至有「母乳6個月後就沒有營養了」、「聽說喝奶粉才有營養」等錯誤的觀念，因此決定不餵母奶，或早早斷了奶，造成母嬰雙方的損失，殊為可惜！

為了讓您對母乳和配方乳有更進一步的認識，以下將為您介紹兩者有何異同。

母乳的奧祕在哪裡？

珍貴的生物活性因子，一口一口喝出寶寶免疫力

母乳的「營養成分」

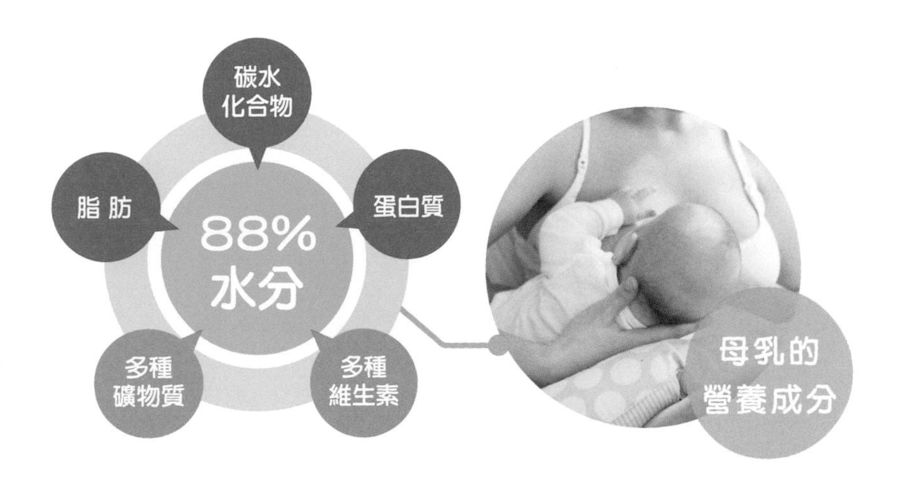

母乳中約 88% 都是水分，足以滿足嬰兒的水分需求，所以純母乳哺育的寶寶一般是不需要額外補充水分的。

母乳的三大主要營養成分為「碳水化合物」、「脂肪」與「蛋白質」，另外還有多種「**礦物質**」（鈉、鉀、鈣、鎂、磷、鐵等）和多種「**維生素**」（A、B、C、E 等），幾乎可以完全供應寶寶前 4 ～ 6 個月所需的營養。

母乳最特別的是含有種類繁多的活性因子，包括抗體、免疫細胞、細胞激素、乳鐵蛋白、寡糖、各種生長因子及荷爾蒙等，雖然各因子的詳細作用還有待釐清，但已知它們不但提供嬰兒「**被動免疫力**」，刺激腸道益生菌的生長，更進一步促進寶寶自己免疫力的發展及成熟，這是母乳最珍貴的價值，無法由配方奶提供。

所以母乳中的各種營養及非營養成分都深切地影響著寶寶的成長、發育和免疫狀況，絕對是初生嬰兒最理想的食物。

母乳中的
各種「生物活性因子」簡介

分泌型免疫球蛋白 A sIgA

是母乳中最主要的抗體，能神奇地抵抗蛋白酶的消化作用，安然抵達寶寶的腸道，提供第一線的保護，使他們的腸道免於病菌的入侵。嬰兒的腸道要好幾個月後才開始製造 sIgA，1 歲時血清中的量也不過只有成人的 20% 而已，因此腸道感染的機率遠遠大於成人，新生兒由母乳中可獲得 sIgA，從而增強局部免疫力。

細胞激素

具有抗發炎作用，亦可促進寶寶免疫系統的成熟與發展。

核苷酸

促進免疫功能與腸道的發育，並且有助於腹瀉後腸道黏膜的修復。

寡糖

寡糖是母乳營養中除了乳糖、脂肪，含量第三高的成分，屬「**益菌生**」的一種，可刺激大腸內益生菌生長和發展，形成健康的腸道菌叢，提升免疫力。此外，寡糖還可附著在腸道的上皮細胞形成屏障，不讓細菌附著，減低感染的機會。

溶菌酶

能殺死有害細菌，使寶寶免於感染，並促進腸道益生菌的生長，增強其免疫力。

各種生長因子

可以促進寶寶腸道黏膜、腸道神經系統、血管和內分泌系統的生長發育與修復。

乳鐵蛋白

能與鐵質結合，有效對抗許多細菌、病毒和黴菌。

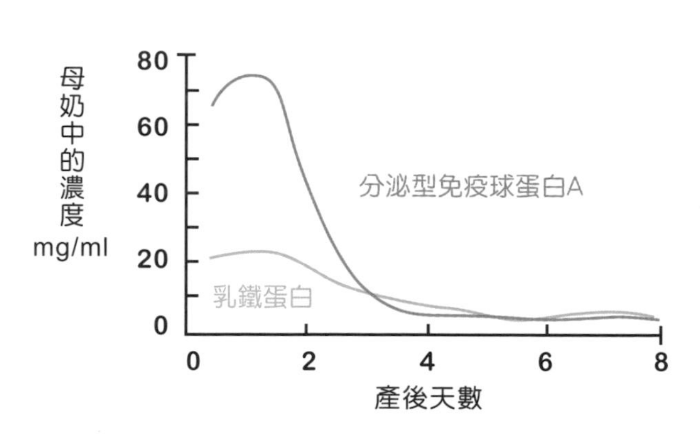

從上圖可以發現，**初乳中含有很高的分泌型免疫球蛋白 A 與乳鐵蛋白**，雖然之後濃度降低，但仍有一定的效力，是媽媽給寶寶最佳的免疫保障。

免疫細胞

包括吞噬細胞、中性白血球和淋巴球等，不但保護新生兒免於病菌的感染，還可以促進寶寶自己免疫系統的發展。

PAF 乙醯水解酶 PAF-acetylhydrolase

使「血小板活化因子」(PAF) 失去活性，預防新生兒「壞死性腸炎」。

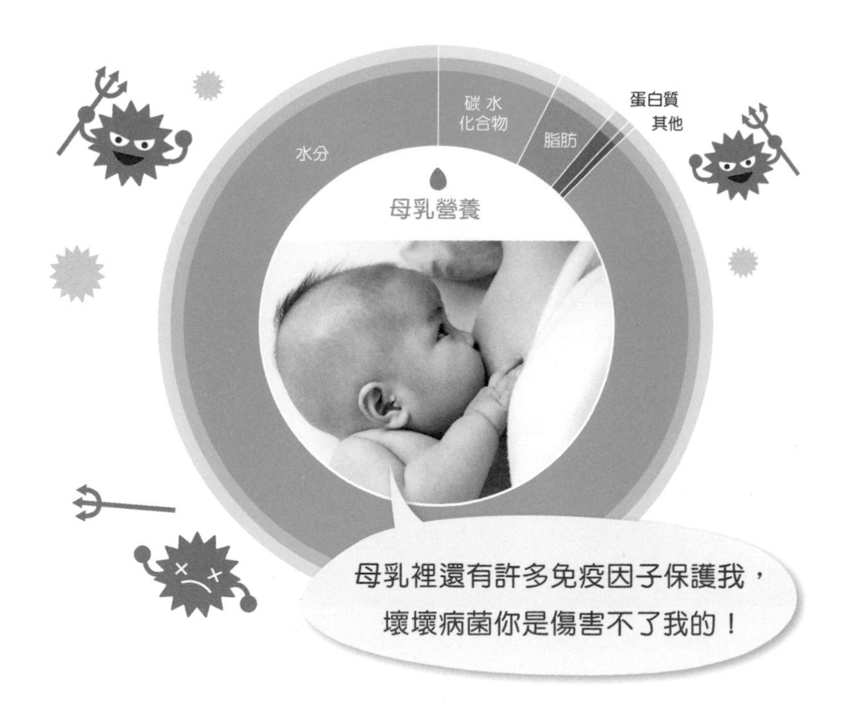

「母乳」和「配方牛奶」營養成分的比較

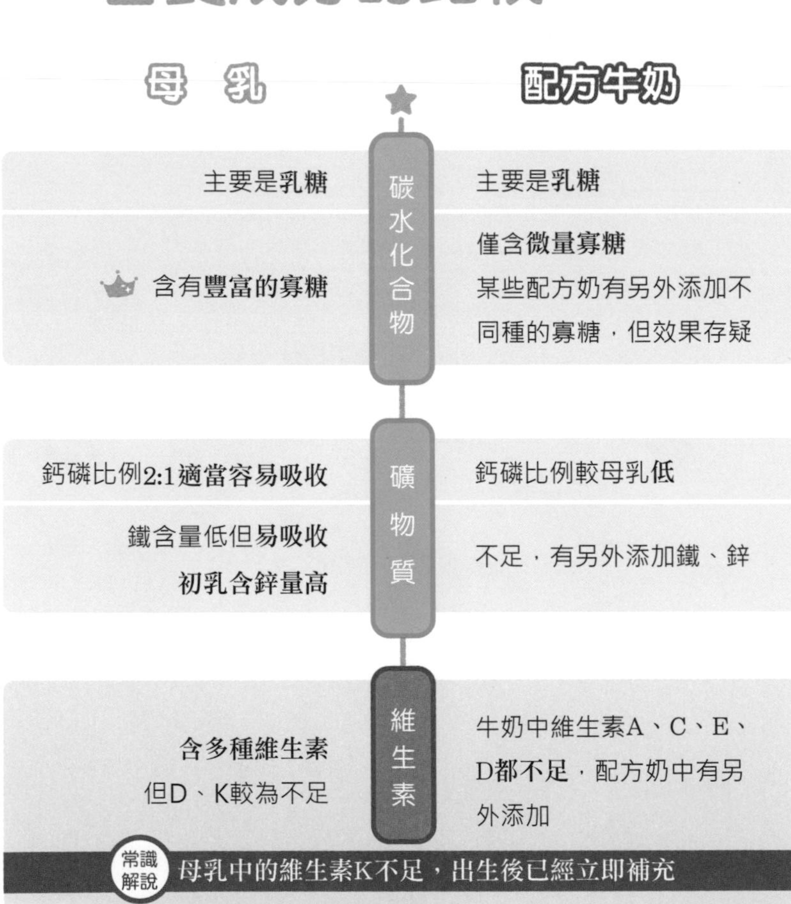

常識解說　母乳中的維生素K不足，出生後已經立即補充

維生素K不足會影響凝血功能。不但通過胎盤的維生素K不足，母乳中含量亦偏低，因此新生兒出生後都會例行施打一劑維生素K，即可達到預防的目的。

母乳		配方牛奶
飽和脂肪及 不飽和脂肪各占一半	脂肪	牛奶含飽和脂肪較多，配 方奶以植物油（多為不飽和脂肪） 取代部分奶油以求平衡
含兩種重要的必需脂肪酸 DHA及ARA，有益於 寶寶的視力與神經發展	脂肪	牛奶中不含DHA及ARA 但某些配方奶有另外添加
含有豐富的膽固醇	脂肪	幾乎不含膽固醇
母乳的蛋白質不易過敏	蛋白質	配方奶的蛋白質較易過敏
母乳中大部分為 容易消化吸收的乳清蛋白	蛋白質	牛奶中蛋白質含量過高， 且大部分是酪蛋白，容易 形成凝乳塊，較不易消化 吸收 配方奶雖經過調整，但蛋 白質含量仍較母乳高，且 部分配方奶的酪蛋白含量 仍超過乳清蛋白
含乳鐵蛋白，可 抑制腸道細菌生長	蛋白質	僅含微量乳鐵蛋白

觀念釐清

母乳中維生素D不足，出生即須額外補充

基於以下四項理由，目前台灣兒科醫學會對「**維生素D**」的建議是：純母乳哺育的寶寶，從新生兒開始每天給予400 IU口服維生素D補充劑；至於混合哺育或配方奶哺育但每天奶量不足1000CC（含400IU）的寶寶，也都應該給予同樣的量。

1 母乳中的維生素D偏低

台灣本土研究發現，部分純母乳哺育的寶寶於一個月大就出現血液中維生素D濃度不足的現象。哺乳媽媽個人的維生素D需求是每天600IU，目前的研究顯示若刻意補充極大量（高達4000IU），母乳中的維生素D含量確實能有效提升，但尚需更多的研究資料才能決定多少量才是最適當的。

2 日照量難以掌握

雖然維生素D可經日照在皮膚中自行合成，但近年來醫學界極力推廣防曬的觀念以預防皮膚病變，嬰兒也不例外，因此雖然台灣日照充足，但個別嬰兒的日照量是否足夠難以掌握。

3 維生素 D 的功能可能超過目前已知

過去認為**維生素D在體內的主要功能是調節鈣與磷的吸收，維持骨骼和牙齒的健康**，缺乏會引發小兒佝僂症（軟骨症），但近期的研究發現它可能還有其他的功能，例如**預防心血管疾病、糖尿病、多發性硬化症和癌症等，對人體至為重要**。

4 維生素 D 的中毒疑慮並不高

維生素D是一種脂溶性維生素，過去認為攝取過量會中毒，但研究證實造成中毒必須攝取相當大的量，因此目前已經上修維生素D攝取上限：0 ~ 6 個月小嬰兒每天不超過 1000IU，隨年齡漸增，9 歲以上最多每天可攝取 4000IU。

既然除了每天喝配方奶超過 1000CC 的寶寶，其他不論純母乳哺育、混合哺育或配方奶不足 1000CC 都有可能維生素 D 攝取不足，而加強補充並沒有中毒的疑慮，因此大部分先進國家和台灣目前的建議都是從新生兒開始，每天要給予 400 IU 口服維生素 D，請家長記得向您的兒科醫師諮詢。

聽說喝配方奶的寶寶長得比較壯，是因為母乳比較沒有營養嗎？

母乳是最天然的嬰兒食物，而牛奶卻是小牛的食物，小牛的成長比人類嬰兒快得多，所以牛奶的蛋白質含量高達母乳的 3 倍以上。

配方奶的蛋白質雖然已經過調整，還是比母乳高，可能因此配方奶或混合哺育的嬰兒 6 個月大以後一直到 1 歲半體重都比純母奶哺育的嬰兒重，但體重較重並不見得代表比較健康。

為避免家長做這種不必要的比較，影響餵母乳的意願，自民國 98 年起，兒童健康手冊即採用世界衛生組織 2006 年公布的生長曲線，這是匯集多國純母乳哺育至 6 個月大，之後添加副食品的嬰兒資料繪製而成的，只要寶寶的生長正常，活動力也正常，就不需要太過擔心。

寵愛寶貝＋守護媽咪

哺乳好處多多

什麼？哺乳竟然還能降低媽媽生病的機率？

你知道嗎？母乳除了可以提供寶寶最佳的營養、提升免疫力，「哺餵母乳」對母嬰雙方還有許多意料之外的好處喔！

建立親密的親子關係

餵母乳的媽媽會分泌「**催產素**」，**又稱**「**愛的荷爾蒙**」，可以讓媽媽與寶寶覺得親密，媽媽也會從哺乳中得到滿足感。

味覺的訓練

媽媽吃進去的各種食物味道，都會透過母乳傳遞給寶寶，對他的味覺發展及將來接受各種食物有很大的幫助。

豐富的免疫物質可增強抵抗力

母乳可降低寶寶罹患中耳炎、腸胃炎、肺炎、異位性皮膚炎及嬰兒期喘鳴、肥胖、糖尿病、嬰兒猝死症、兒童白血症，以及早產兒「壞死性腸炎」的機率。

幫助產後子宮收縮

媽媽哺乳時分泌的「催產素」，可以幫助子宮收縮，排淨惡露。

減低多種疾病罹患率

哺育母乳可以降低媽媽罹患卵巢癌、乳癌、糖尿病及骨質疏鬆症等的機率。

上一胎寶寶只接受瓶餵母奶，不接受親餵，這一胎如何才能成功的親餵呢？

「**正確含乳**」是成功哺乳非常重要的條件。奶瓶的奶嘴跟媽媽的乳頭非常不一樣，媽媽的乳頭短短的，寶寶必須把整個乳暈都含在口裡，才能把母奶從乳管吸到口腔裡面，所以比用奶瓶喝奶費力得多。

如果一開始就讓寶寶接觸奶瓶，他就會排斥媽媽的乳頭，產生所謂的「乳頭混淆」現象。

所以若想親餵，一出生就要開始讓寶寶熟悉媽媽的乳頭，不讓他接觸奶瓶，成功機率就會大大提高。

哺餵母乳有助身材的恢復嗎？

很多人都聽過「哺餵母乳有助瘦身」的說法，但為什麼還是有些媽媽抱怨餵母乳不但沒有瘦，反而變胖了呢？其實「哺乳瘦身」的說法本來就受到不少現實情況的挑戰，哺餵母乳一天會消耗 500 卡左右的熱量，但哺乳時「泌乳激素」上升，它有刺激胃口的作用，所以媽媽每天會自然多攝取 450 ~ 500 卡熱量，短期內瘦身效果不如預期，但若將時間拉長至一年，還是會有效果的。

另外還有其他可能影響產後瘦身的因素如下：

- 體質因人而異。
- 懷孕前超重或懷孕期間體重增加過多，產後自然不易立即恢復。
- 產後因哺乳需求及照顧寶寶也沒時間運動。

兒科醫師有話說

建議哺乳的媽媽切勿產後立即節食，會影響奶量供給，想瘦身應等奶量足夠、寶寶吃奶順利之後（大約產後兩個月）再開始逐步減重，但每天攝取總熱量不宜少於 1500 ~ 1800 卡，否則奶量不足，反而影響寶寶健康，對母體也會造成傷害。

哺餵母乳是天然的避孕方式嗎？

哺乳媽媽分泌的「**泌乳激素**」有拮抗「**促性腺激素**」的作用，會抑制卵巢排卵。若媽媽日夜頻繁地哺餵母乳（一天 8 ~ 12 次），通常產後 10 週內沒有排卵也不會來月經，此時行房便不易懷孕，但還是有 5% ~ 10% 的失敗機率，所以靠哺乳來避孕並非萬無一失。

兒科醫師有話說

若想避孕，建議產後 6 週當母乳哺育順利後，即可開始口服避孕藥，對寶寶並不會造成傷害，也可以跟婦產科醫師討論其他避孕方法。

新手媽媽免煩惱
母乳保存333原則

母乳如何儲存與回溫？

親餵有困難但又想讓寶寶喝母奶的媽媽一定會嘗試用集乳器集乳，常遇到的問題是辛辛苦苦擠出了母乳卻不知道該如何保存，很簡單，只要記住一個口訣：「母乳保存 333」就能得心應手啦！

母乳保存 333 原則

收集母乳前務必洗淨雙手，每一袋適量、平均分裝喔！

剛擠出的母乳最佳飲用時機是 3 小時之內。

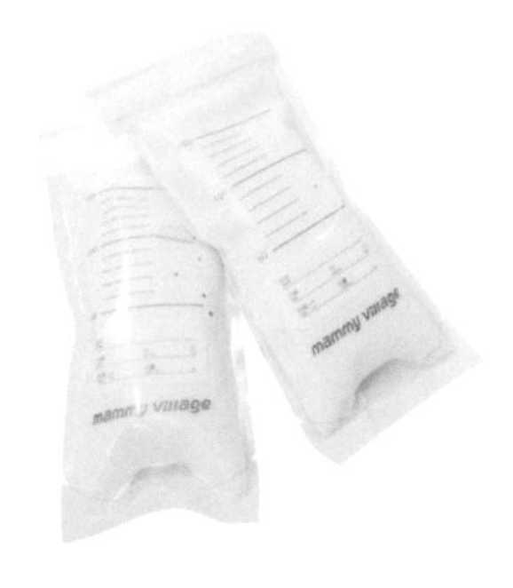

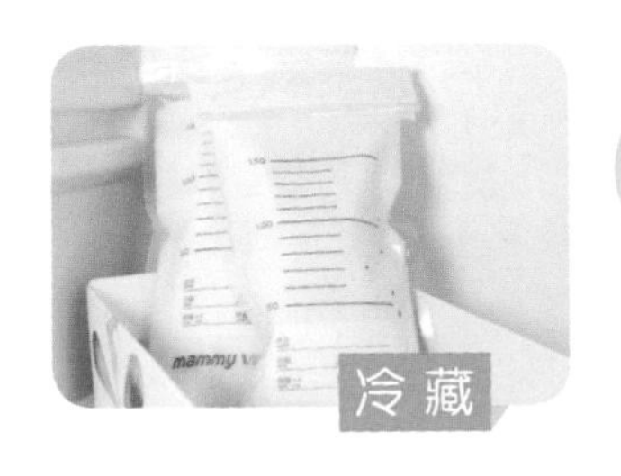

若未能在3小時內飲用完畢，可冷藏3天。

假如奶量過多，3天內不會飲用，可放入冷凍室保存3個月。

母乳回溫可採用「隔水加熱法」

先將冷凍的母奶放入冷藏室或直接泡入冷水中解凍後再進行加熱，若沒有溫奶器，建議浸泡在溫水（不宜超過50℃）中加熱，只要回溫到接近體溫（適宜哺餵的溫度）即可，千萬不可以使用微波爐或是直接在爐子上加熱，不僅難以控制溫度，還會破壞母乳中的營養成分喔！加熱過的母乳應立即餵寶寶，剩餘的不應該再放入冰箱保存。

原來是這麼回事 一張表讓你搞懂配方奶

配方奶種類非常多，它們的特色和用途在哪？

雖然母乳裡包含了幾乎所有寶寶成長所需要的營養，是最適合的嬰兒食物，但根據國民健康署的統計資料，選擇配方奶哺育或混合哺育的加起來依然超過五成，因此在了解母乳的營養之餘，我們也該好好的了解「配方奶」是什麼。

配方奶大多是將牛奶（或羊奶）改造成近似母乳的成分與比例，並額外添加了鐵、鋅及各種維生素等營養成分，**基本上是可以滿足寶寶的營養需求的，與母奶之間的差異主要在於某些營養成分的吸收利用率不同，及母乳中含有的許多無法複製或取代的生物活性因子。**

台灣配方奶的種類相當多，除了占絕大部分的牛奶配方，也有少部分是羊奶、豆奶和水解蛋白配方奶，究竟這些奶粉和一般牛奶配方有什麼差別，下面就讓我向大家簡單介紹它們的特色與用途吧！

	特色	牛奶蛋白過敏✪	結論
1 **羊奶**配方奶粉	由羊奶改造而成，與牛奶配方營養價值相同。	羊奶蛋白和牛奶蛋白相似，**交叉過敏機率高**，無法當作牛奶蛋白過敏的替代品。	與牛奶配方相比**並無特殊優點，且價格較高**。
2 **黃豆**配方奶粉	以黃豆蛋白取代牛奶蛋白，且不含乳糖，營養價值與牛奶配方相當。	對牛奶蛋白過敏的寶寶，一半以上也會對黃豆蛋白過敏，**可先嘗試食用**，但若有過敏症狀就得停止。	**適合素食家庭；由於不含乳糖，可給先天或後天乳糖不耐症的寶**寶食用。

✪ 牛奶蛋白過敏會出現嘔吐、拉肚子、血便、哭鬧、體重不增等症狀，須經由醫師診斷。

特色	牛奶蛋白過敏	結論
「水解」即是將大分子的蛋白質切成更小的分子，**降低牛奶蛋白的致敏性**。其營養價值與一般牛奶配方相當。	對牛奶蛋白過敏的寶寶若對黃豆蛋白也過敏，可使用「完全」水解蛋白配方。	過敏高危險群的寶寶（父母或手足之一有*過敏疾病）若無法以純母乳哺育，可以選擇「部分」水解蛋白配方，具**有延遲或預防異位性皮膚炎的效果**。

3 **水解蛋白**配方奶粉

可分為「部分水解」及「完全水解」

牛奶蛋白水解圖

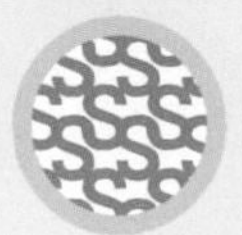

完整 牛奶蛋白質	部分水解 牛奶蛋白質	完全水解 牛奶蛋白質

蛋白質本是長條鍊狀的大分子，經「**水解作用**」後變成較小的分子。

【營養價值不變】

*過敏疾病包括異位性皮膚炎、鼻過敏、氣喘及食物過敏

應挑選鈣、磷含量較高的產品嗎？

牛奶中的礦物質含量高，嬰兒的腎臟無法負荷，配方奶已經過調整。有的媽媽知道鈣、磷對寶寶很重要，會特別選擇鈣、磷含量較高的配方奶，但其實奶類本身的鈣、磷都是足夠的，重點在於「鈣磷比」，母乳的鈣磷比例是 2：1，吸收率較好，一般配方奶則介於 1.5 ~ 1.7：1 之間，鈣磷比愈接近母乳愈有利吸收。

因為餵母乳不順利，便讓寶寶改喝配方奶，一開始吃得不錯，後來卻發生過敏反應，想換回母乳也已經沒有奶了，可以用羊奶或豆奶代替嗎？

市面上大多數配方奶都是由牛奶改造而成，寶寶對配方奶過敏，通常是對其中所含有的「牛奶蛋白」過敏，此時應該請醫師診斷，並進行必要的血液檢查和皮膚檢測，診斷確定後醫師會建議「換奶」。

兒科醫師有話說

由上面的介紹我們知道羊奶蛋白與牛奶蛋白相似，換成羊奶對於牛奶蛋白過敏並無幫助，由於完全水解蛋白配方比較昂貴，口感也較差，建議可以先嘗試黃豆蛋白配方，但若症狀未緩解，表示可能對黃豆蛋白也過敏，就必須再換成完全水解蛋白配方，若仍然無效還有胺基酸配方可以使用。

第2章

新觀念
4～6個月是添加副食的最佳時機

隨著寶寶的快速成長，相信爸媽們對於「**副食品**」的問題也開始一個個浮現：「**寶寶該開始吃副食品了嗎？**」「**有一定的順序嗎？**」「**太早吃副食品會不會引發過敏？**」但電視、網路、育兒書裡對於副食品的說法百百種，甚至身旁有經驗的婆婆媽媽也會不時提供意見，常常讓爸媽們無所適從，到底該聽誰的才好？

我身為三個孩子的媽，把每一次育兒都當成學習的機會，坊間這些真假難辨的說法也常讓我很困擾，讓我們暫且放下心中許多不合時宜的舊觀念，聽聽「**醫學研究證據**」怎麼說！

有了營養母乳，寶寶為什麼還需要吃副食品？

吃副食品的2大功能

許多爸媽知道寶寶該吃「**副食品**」了，卻不了解它的重要性，因而給得不夠認真；甚至有些人深信奶類才是營養最均衡、豐富的寶寶食物，副食品不吃也沒關係。

嚴格來說，「副食品」這個名稱取得並不恰當，常常會讓爸媽誤以為奶類是「主食」，其他食物都是次要的，實際上**副食品和奶類在營養上是互補的，兩者同樣重要**，如果一定要稱為「**副**」食，也只適用於1歲半前的過渡期，1歲半以後的幼兒飲食種類已經跟成人無異，奶類也從「主」食退位，與其他食物並列於同等地位了。

雖然「副食品」並不是個好名稱，但仍舊是目前普遍的用法，故本書仍沿用此名稱。

副食品是寶寶所需的食物中很重要的一部分喔！

兒科醫師有話說

奶類（母奶、配方奶）是只會吸吮、不會咀嚼的嬰兒暫時性的食物，每種食物都有不同的營養價值，寶寶一旦有能力吃進其他食物，勢必要經過逐步練習「吃」，漸進到可以接受所有食物的過程，「副食品」指的就是這個過渡階段中適合寶寶吃的食物。

副食品的兩項重要功能如下：

提供 奶類不足的營養

奶類可以提供初生嬰兒足夠的熱量和營養，但隨著寶寶的快速成長，漸漸不敷所需，就必須靠副食品來彌補。

過去普遍認為母乳中包含所有寶寶成長所需要的營養，但醫學研究指出，鐵、鋅和維生素D、K這四種營養素在母乳中是不足的，其中維生素D、K上一章已有介紹，鐵和鋅說明如下：

寶寶的鐵質來源有三：

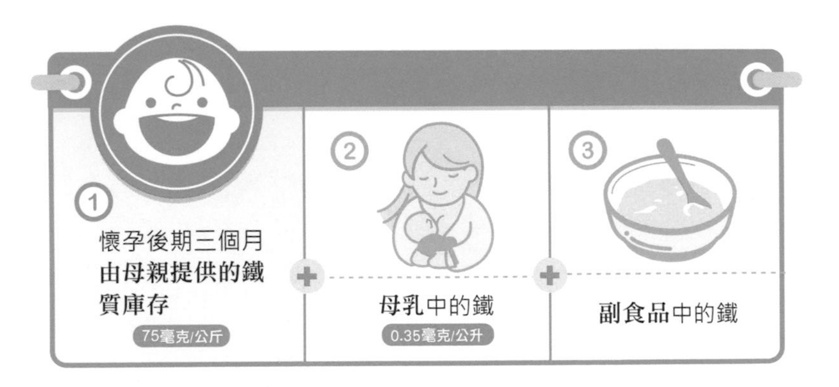

1 懷孕後期三個月由母親提供的鐵質庫存（75毫克／公斤）

孕媽咪在懷孕後期，也就是最後三個月，會透過臍帶不斷地把體內的鐵質輸送給胎兒，但胎兒當時並不需要，這些鐵質就會被儲存起來，成為「鐵質庫存」。健康的足月新生兒體內大約會有每公斤 75 毫克的鐵質庫存。

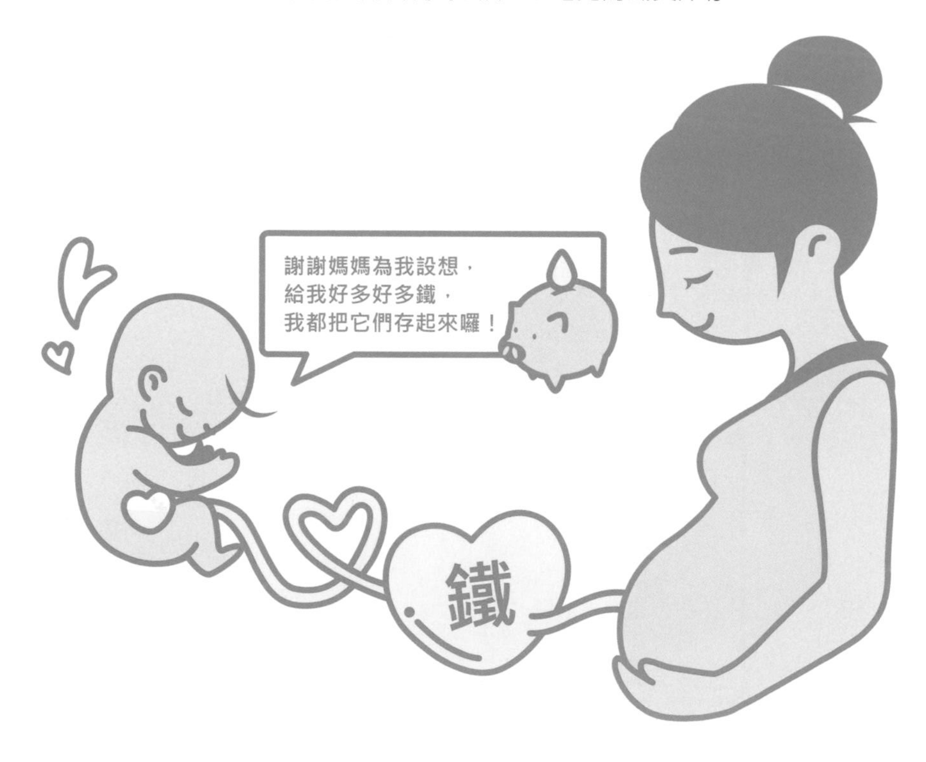

⚠ 爸媽多注意：哪些寶寶天生容易缺鐵？

早產兒（懷孕未滿 36 週即分娩）

孕期最後三個月是鐵質輸送的關鍵期，提早出生的寶寶體內鐵質庫存較低。

低體重兒（出生體重低於 2.5 公斤）

這些寶寶雖足月生產但母體的胎盤功能不佳，鐵質庫存亦常不足。

媽媽在懷孕期間本身就有「貧血」問題

如果未經治療，母親本身沒有足夠的鐵質可以供應，寶寶的庫存就會不足。

兒科醫師有話說

這些寶寶由於體內鐵質庫存不足，加上出生後必須追趕先天較不足的成長，生長速度往往比足月正常體重的寶寶還快，鐵質需求也更高，因此不論是哺育母乳或配方奶，都必須在出生的 2 ~ 6 週內開始口服「**鐵質滴劑**」，否則鐵質的缺乏將出現得更早。請記得向您的兒科醫師諮詢。

② 母乳中的鐵（0.35 毫克／公升）

從圖中美國國家醫藥局(Institute of Medicine)建議的「**每日鐵質攝取量**」可以發現，寶寶從出生到6個月，每天所需的鐵質量大約是0.27毫克（純以母乳含量計算，未加計鐵質庫存），這是由母乳平均每公升含鐵量0.35毫克，乘以寶寶平均每日攝取奶量0.78公升所計算出的需求量。

母乳所含的鐵質雖不高，但生物利用率高達50%，加上寶寶體內原有的鐵質庫存，足以滿足健康的足月寶寶前4～6個月的鐵質需求。

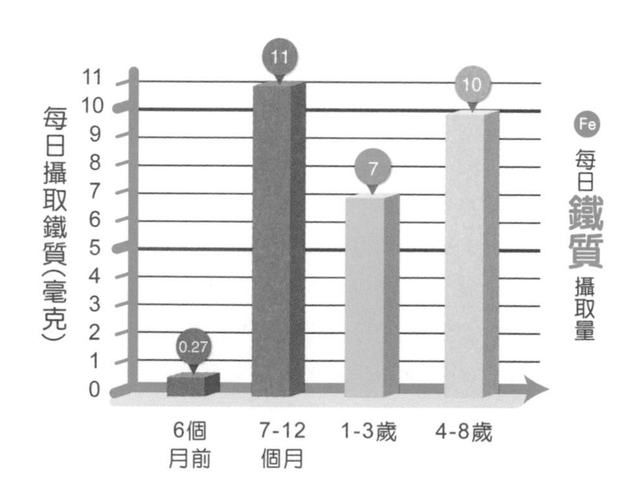

③ 副食品中的鐵

寶寶體內的鐵質既然是「**庫存**」，聰明的媽咪你一定想到了，庫存總會有用完的一天。根據研究報告，健康的足月寶寶在滿 4 個月以後，鐵的庫存已經開始慢慢見底，6 個月時就幾乎用光了。

初生嬰兒前 4 ~ 6 個月內，母乳中不足的鐵尚可由鐵質庫存提取補充，寶寶不致有缺鐵的風險，但 7 ~ 12 個月時，寶寶的每日鐵質需求量立刻提高到 11 毫克，差了 40 倍之多，此時體內的鐵質庫存已用盡，母乳也僅能提供一天約 0.27 毫克的鐵，顯然是極度不足的。

那麼不夠的鐵要從哪裡獲取呢？當然就是「副食品」了。**兒科醫師建議純母乳哺育的寶寶，在滿 4 ～ 6 個月之間必須加緊以副食品補充不足的鐵質**，台灣兒科醫學會更建議：若寶寶滿 4 個月後尚未添加含鐵質副食品，應開始每天補充口服鐵劑 1 毫克 / 公斤（例如 5 公斤的寶寶每天須補充 5 毫克的口服鐵劑），才不致影響他們的成長及發展。

鋅 寶寶的鋅來源有二：

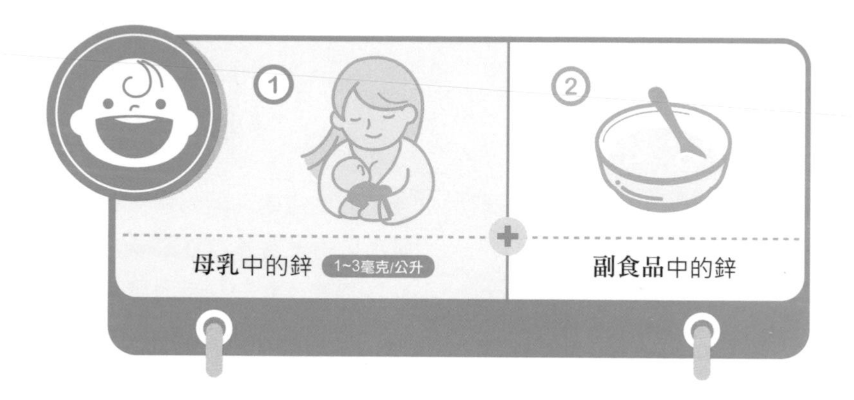

1 母乳中的鋅（1～3毫克／公升）

寶寶剛出生時，母乳中的含鋅量約為每公升1～3毫克，生物利用率高達41%，大致足夠寶寶前6個月的需要，但之後快速下降，到6個月左右每公升只剩下約0.6毫克。從右圖「**每日建議鋅攝取量**」可以發現7～12個月以後寶寶對鋅的需求量比前6個月增加，但母乳中的鋅含量卻是大幅減少的，明顯不足以滿足寶寶所需。

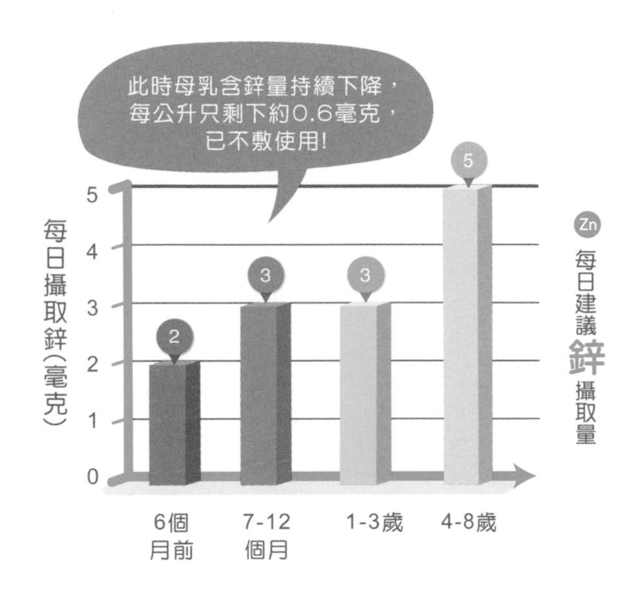

❷ 副食品中的鋅

母乳中不足的鋅，自然就要由「副食品」來補充。目前台灣兒科醫學會的建議是：**含有鐵及鋅的副食品，可在寶寶滿 4 ～ 6 個月時開始添加。**

觀念釐清

缺鐵≠貧血，貧血表示缺鐵已經很嚴重了！

一般人都會把「**缺鐵**」跟「**貧血**」畫上等號，其實缺鐵不一定會貧血，但假如孩子已經有缺鐵性貧血，代表缺鐵的情況已經非常嚴重。

缺鐵的順序

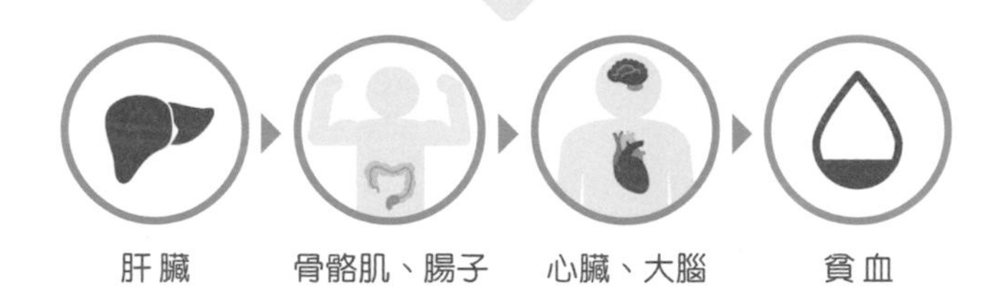

身體裡幾乎每個器官都對鐵質有需求，而鐵質的供應和利用自有一套「**優先順序**」。一旦鐵質不足時，最先缺乏的是肝臟，其次是骨骼肌和腸子，再來心臟、腦部也相繼缺乏了，最後才會因為紅血球造血原料不足而出現貧血。因此若發現孩子有缺鐵性貧血時，代表身體許多器官裡的鐵質已經用罄了。

爸媽多注意：寶寶缺鐵、缺鋅別輕忽！	
缺鐵的影響	缺鋅的影響
生長緩慢，抵抗力降低，容易被感染	
✪ 影響認知、動作、行為等腦部功能的發展 ✪ 貧血	✪ 皮膚疹 ✪ 胃口降低

哈啾～

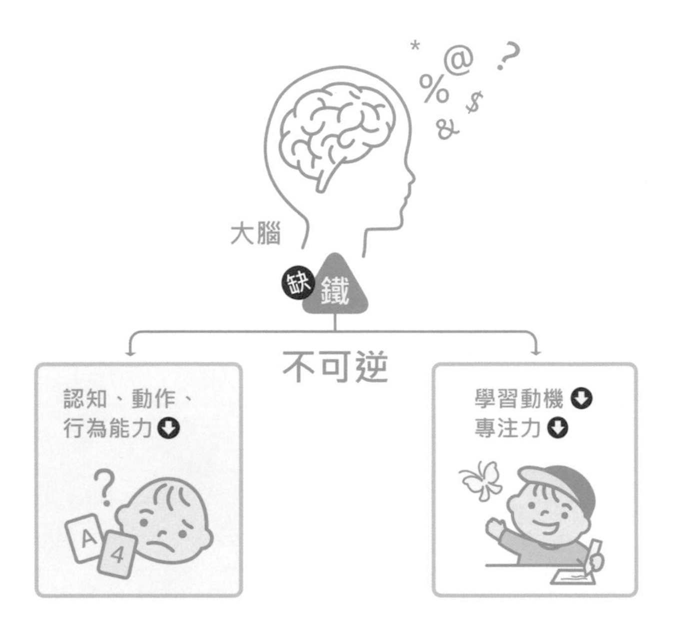

爸媽可不要以為缺鐵沒關係，以後再多吃點含鐵食物補回來就好，兒科醫師表示，腦神經系統的發育需要鐵質的參與，而0～3歲正是寶寶腦功能快速發展的關鍵期，嬰兒期缺鐵最令人擔憂的便是影響到認知、動作和行為能力的發展，還會減低日後的學習動機、專注力等，更糟糕的是**即使日後將欠缺的鐵質補足，已經造成的傷害卻無法再彌補，意思是負面影響是「不可逆」的，這將是孩子一輩子的損失。所以，請記得預防是最重要的。**

觀念釐清

寶寶穩定成長，除了營養還需要熱量

從出生至 1 歲，是人的一生中成長最快速的階段，寶寶從出生的 3 公斤左右，長到一歲大約 9 ～ 10 公斤，竟然增大成 三倍！可以想像一定需要大量的熱量供應。

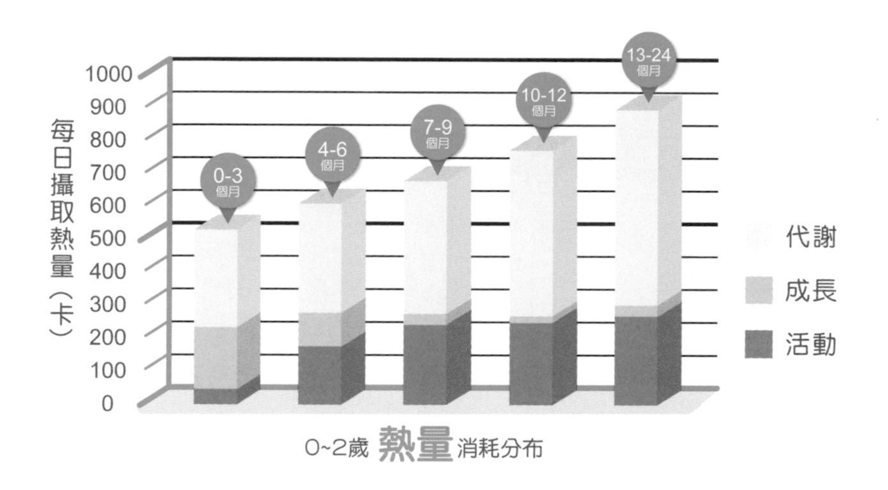

0~2歲 **熱量** 消耗分布

上圖中，剛出生的寶寶用了近 1/3 的熱量在成長上，隨後逐漸減少，1 歲以後使用於成長的熱量消耗已經不到 5%，但新陳代謝和活動的需求不斷增加，所以總體熱量的需求還是愈來愈多的。

成人一日所需的總熱量約 2000 卡，1 ～ 2 歲的孩子大概需要 800 ～ 900 卡，2 ～ 3 歲的孩子則是 1000 卡，差不多已是成人的一半。提醒家長，除了注意孩子的營養是否均衡，充足的熱量對成長也相當重要喔！

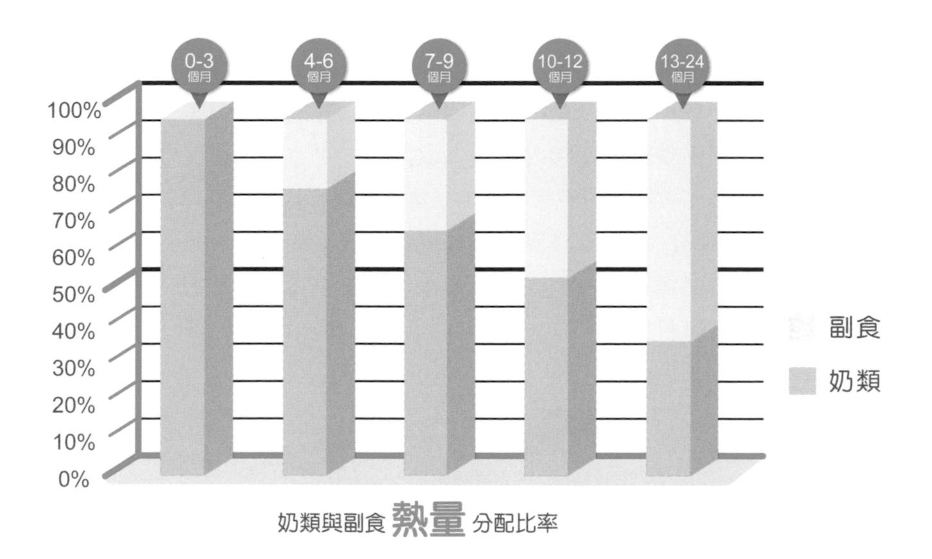

奶類與副食**熱量**分配比率

奶類和副食品在熱量的分配上隨著年齡一直在改變，從上圖可知，奶類是寶寶在 4 個月以前的唯一食物，4 個月以後副食品占的地位就愈來愈重要了！

市面上的配方奶粉已經添加鐵、鋅，是不是選擇讓寶寶喝配方奶，就不會有缺鐵或鋅的問題？

雖然市面上的配方奶絕大部分都有添加鐵、鋅，所以比較不致有缺乏問題，但母乳的營養價值豐富，更含有許多配方奶無法複製、取代的生物活性因子，好處多到數不盡，沒有必要為了鐵、鋅的不足而捨棄母乳，**只需注意在寶寶滿 4 ～ 6 個月之間添加含鐵、鋅的副食品即可避免缺乏**。母乳也可以繼續哺餵至一歲，甚至更長。

母乳的鐵、鋅不足，那媽媽多吃含鐵、鋅的食物，是否有助於提升母乳的鐵、鋅含量呢？

不會。母乳中的礦物質含量幾乎是恆定的，不會受媽媽體內的礦物質濃度影響，所以補充鐵、鋅只能從寶寶方面來著手。建議純母乳哺育至寶寶滿4個月後，就可以藉由副食品來補充鐵和鋅這兩種重要的微量營養素，下一章將介紹哪些食物較適合。

練習 咀嚼和吞嚥的技巧

寶寶剛出生時只會吸吮，添加副食品的另一項重要功能，就是讓他們練習咀嚼和吞嚥的技巧，逐漸可以吃進各種固體食物。這些技巧跟走路、說話等其他能力一樣，是經由學習而來的，只要以下兩個條件符合，他們就能逐步學會：

成熟 「神經」、「感官」與「肌肉」等系統已準備就緒。

練習 有「練習」的機會。

滿 4 ~ 6 個月的寶寶已經具備吃副食的能力，只要家長由糊狀食物開始，逐步引導他們接觸細粒→粗粒→固體食物，1 歲的寶寶就已經具備相當不錯的咀嚼和吞嚥能力，幾乎可以吃成人食物了。

兒科醫師有話說

嬰兒的發展有所謂的「**關鍵期**」，也就是在他們神經、感官與肌肉系統準備好的時候，給予足夠的練習機會，他們就能夠快速習得這項技巧；如果已經過了關鍵期再來訓練，就需要花費比較多的功夫，學得的技巧也常常不那麼純熟。

1歲前是寶寶發展「咀嚼」和「吞嚥」技巧的關鍵期，如果1歲以後才開始吃副食品，常常會發現他們不太有耐心練習咀嚼，非得把食物攪碎了才肯吃，一有渣渣或顆粒就吐掉。這種選擇性的進食長久下來不但影響營養的攝取，也會減少飲食的樂趣。

寶寶的需求 決定添加副食品的最佳時機

副食品添加不宜晚，滿４～６個月最好

何時開始幫寶寶添加副食品一直是許多爸媽的疑問，其實只要依照寶寶的發展與需求兩大層面來考慮，就能找出最佳時機點。

寶寶的發展是否成熟到可以吃液體以外的食物了？

當寶寶出現下列跡象，就代表已經準備好，可以練習吃副食品了。

寶寶觀察筆記：

- ☐ 頸部挺直，支撐下可以維持坐姿。
- ☐ 食物送入時會張嘴，不會被推出或吐出。
- ☐ 大人吃東西時會感到興趣。

1 頸部挺直，支撐下可以維持坐姿（3～6個月）

孩子的動作發展是以「**從頭到腳**」的方向進行的，頸部肌肉先挺直，足以支撐頭部不至於搖晃，然後背部肌肉逐漸有力，給一些支撐就能維持坐姿，這時候才有可能用湯匙餵食。**通常寶寶在3～4個月時頸部就已經很挺了，5～6個月左右就能夠在支撐下坐著。**（很多餐椅、嬰兒座椅都有軟墊可提供支撐）

2 口腔的「原始反射」漸漸消失（3～4個月）

「**反射動作**」指的是不需經過大腦思考就能做出的立即反應，而「**原始反射**」則是一出生就具有的反射動作，跟口腔有關的有吸吮反射、尋乳反射、舌頭推出反射、作嘔反射等，通常寶寶3～4個月大後會慢慢消失，此時「**自主動作**」（從湯匙上吃東西、咀嚼、吞嚥等）才會漸漸產生。

3 對大人的食物感到興趣（4～5個月）

通常寶寶4～5個月大的時候，就會認真的看大人吃東西，甚至會發出「**咿呀**」的聲音，熱切地希望能夠分他吃一點，這也是他準備好的信號之一。

與「口腔發展」有關的原始反射

吸吮反射

新生兒吃奶靠的是「**吸吮反射**」。當媽媽的乳頭、奶嘴或手指進入寶寶的口腔，就會開始吸吮的動作。

尋乳反射

用媽媽的奶頭、奶嘴或手指碰觸寶寶的臉頰、嘴唇或嘴角，他就會把臉轉過來並將嘴巴張開。

舌頭推出反射

觸碰嘴唇，舌頭就會自動往前推出，這項反射動作有利於餵奶但不利於餵食副食品，通常會在 3 ~ 4 個月後消失，有些寶寶會持續較久一點。

作嘔反射

觸碰口腔或舌頭後方，會引起咽喉收縮動作，作勢要嘔吐（有時真的會吐），這就是「**作嘔反射**」，有避免東西進入咽喉的保護作用。和其他原始反射不同，此項反射 3 ~ 4 個月後會漸漸減輕，但並不會完全消失。某些寶寶的作嘔反射特別敏感，可能會影響到副食品的餵食進度。

奶類何時起已無法完全供應寶寶所需的營養了？

純母乳哺育的寶寶因為有鐵、鋅不足的風險，應該在4～6個月之間就開始餵副食品，至於吃配方奶及混合哺育的寶寶，雖然配方奶中已添加鐵和鋅，稍晚一點並不致營養缺乏，但仍應在寶寶滿4～6個月時開始吃副食品，練習咀嚼和吞嚥的技巧。

目前兒科醫師建議添加副食品最適當的時機是寶寶滿 4 ~ 6 個月（歐洲更嚴謹的建議是 17 ~ 26 週）。
那麼你會問：

早一點給寶寶吃副食品可以嗎？

目前的研究證據顯示 4 個月以前就給副食品，會增加以後肥胖的機會，而且會減少奶量的攝取；此外寶寶的腸胃發育尚不成熟，容易導致過敏，所以並不建議。

兒科醫師有話說

台灣兒科醫學會建議添加副食品之後，還是應該持續哺育母乳至 1 歲甚至更久，除了繼續提供營養，母乳還能增加副食品的「**免疫耐受性**」，意即減少食物過敏發生的機率。

打破順序迷思

給予副食品有一定的順序嗎？

別被傳統餵食順序制約，各種食物都可以嘗試

傳統副食品通常會從米粥開始，然後再給蔬菜、根莖類、水果、蛋黃、豆類……，肉類常常給得比較晚，而且大多以魚肉為主，這樣的順序主要是有下列兩個迷思：

1 怕寶寶的腸胃不夠成熟，無法消化

醫學研究證實，4 個月大的寶寶腸胃和腎臟功能幾乎就已經成熟，足以消化各種食物，且腸胃的適應性極佳，在面臨不同食物的挑戰下，會順應需求製造出各種必要的消化酶素，所以這只是大人主觀的想法，即使以**肉類作為第一樣副食品，寶寶也是可以消化吸收的**。

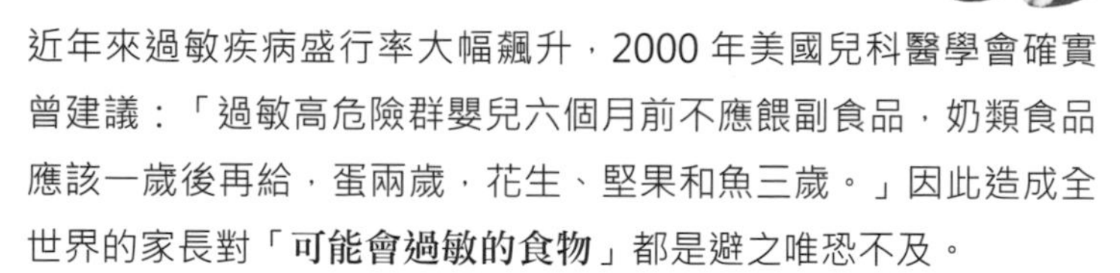

2 怕太早給某些食物會引發過敏

如：海鮮類、堅果類、麥類、蛋白等

近年來過敏疾病盛行率大幅飆升，2000 年美國兒科醫學會確實曾建議：「過敏高危險群嬰兒六個月前不應餵副食品，奶類食品應該一歲後再給，蛋兩歲，花生、堅果和魚三歲。」因此造成全世界的家長對「**可能會過敏的食物**」都是避之唯恐不及。

但之後大量的醫學研究已經證實，這種做法對於預防過敏疾病一點效果都沒有，反而減少了嬰兒接觸各類食物的機會，**造成營養上的損失**。因此 2008 年美國兒科醫學會已經提出修正：「**延遲餵副食品至 6 個月後，以及避免高過敏食物**（如：魚、蛋、花生和堅果類），**均無法預防過敏疾病的發生**。」

因此**寶寶的副食品並沒有必要設定優先順序**。延後給予某些食物不但無法減少食物過敏，相反地，目前已經有一些研究發現，若趁著寶寶滿4～6個月之間的「**口服免疫耐受空窗期**」（window of oral tolerance）給予副食品（包括高過敏食物），反而可以降低食物過敏的機率，也就是說**太晚給副食可能會錯過嬰兒的免疫系統最容易接受各種食物的時機**。

餵食副食品的最佳時機

0-4個月餵食

☆ 增加以後肥胖的機會

☆ 腸胃發育尚不成熟，容易引發過敏

1 2 3 4 5 6

4個月以前餵食　4個月以後餵食

4-6個月餵食　口服免疫耐受空窗期

- 提供母乳中不足的鐵、鋅
- 增加口服免疫耐受性，減少日後食物過敏機率

6個月後才開始餵食

- 可能鐵鋅不足，影響生長發育

第3章

注意囉！
副食品也要營養均衡熱量足夠

想想看

你家寶寶剛開始吃的是哪些副食?

營養不均衡熱量亦偏低

提供均衡的營養及足夠的熱量

除了傳統的米粥、蔬菜泥、根莖類泥、水果泥，有沒有幫寶寶添加魚、肉、豆、蛋......呢？既然給予副食品不用擔心寶寶腸胃不能消化，也不用刻意延後某些高過敏食物，建議爸媽可以將「營養及熱量是否足夠？」作為第一考量，但到底怎麼吃才是足夠？我現在就把從醫生那邊學到的「添加副食品三大原則」分享給大家：

原則一
滿足五大類，營養才均衡

別忽略蛋白質類食物

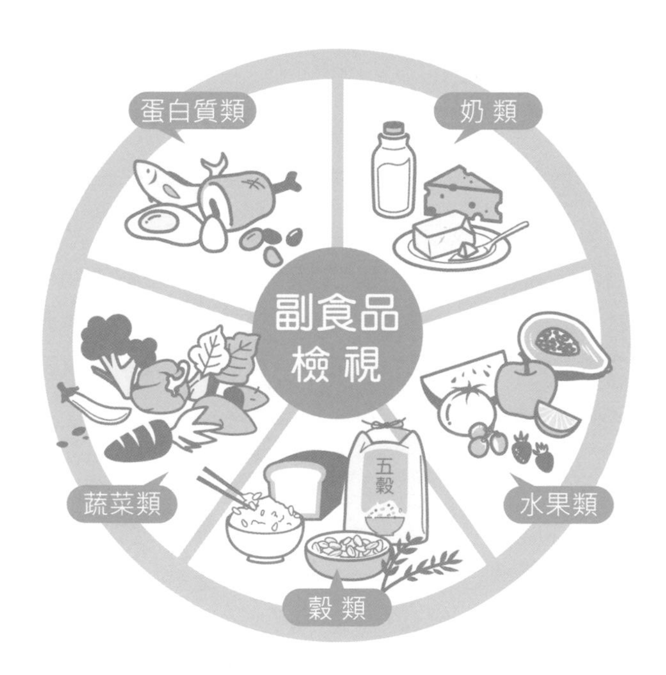

你家寶寶吃滿 五大類 了嗎？

☐ 穀類 ☐ 蔬菜類 ☐ 水果類 ☐ 奶類 ☐ 蛋白質類

什麼是五大類？

所謂均衡的營養應該是「* 五大類」食物都要攝取到

❶ 穀　類 ❷ 蔬菜類 ❸ 水果類
❹ 奶　類 ❺ 蛋白質類

* 因為寶寶食物幾乎不用油烹調，所需的油脂都包含在食物中，因此未將「油脂類」另外列成一類。

除了奶類寶寶本來就在吃，傳統副食品比較缺乏的是「**蛋白質類**」(包括肉、魚及海鮮、豆、蛋、堅果、種子類等)，這類食物通常也是油脂的主要來源，也就是說少了這些食物，蛋白質和油脂都會不足，也就是「**營養不均衡**」，寶寶處於快速成長發展期，均衡的營養是絕對必要的。

兒科醫師有話說：

7～8個月前副食品應已涵蓋五大類食物，之後幾個月再逐漸增加各類別中的食物種類，寶寶才能得到均衡的營養。大部分家長對蛋白質類的添加過於保守，不但會缺乏蛋白質和油脂這兩種重要營養素，熱量也會偏低。

原則二
注意微量營養素鐵鋅的攝取

寶寶的「鐵鋅」最佳來源，首推「紅肉」

純母乳哺育要特別注意提供寶寶含鐵、鋅的食物，哪些食物才能提供足夠的鐵和鋅呢？

「**肉類**」是鐵和鋅最好的來源，尤其**紅肉**（牛、羊肉）**的鐵質含量最多**，豬、雞和魚肉其次，例如牛肉每 60 公克含鐵 2 毫克、鋅 4 毫克，所以建議有吃牛肉的家庭，第一選擇就是牛肉，從每天 30 公克（大約半個雞蛋大小）開始，漸漸增加到每天 60 公克。如果家裡不吃牛肉，選擇豬、雞或魚肉也可以。除了豐富的鐵質之外，肉類也含有豐富的鋅。

除了肉類之外，肝臟也是不錯的鐵、鋅來源。海鮮包括「**甲殼類**」（如蝦、蟹等）和「**貝類**」（如牡蠣、文蛤、九孔等）雖然也是鐵、鋅含量高的食物，但若依照副食品不加調味品的原則，海鮮的腥味可能會影響寶寶的接受度。

蔬菜跟穀類也都含有鐵質，難道不能從這些食物中攝取嗎？

食物中的鐵質又分為好吸收的「**血基質鐵**」及不好吸收的「**非血基質鐵**」。植物性食物的鐵質多屬「**非血基質鐵**」，吸收不如動物性食物中所含的「**血基質鐵**」；此外植物性食物中的一些成分還會抑制鐵質吸收。所以補充鐵質，並不是只挑含鐵量高的食物就好，還必須注意身體能否吸收利用。

- 請注意蛋和奶雖然屬於動物性食物，但所含的鐵質是屬於「非血基質鐵」。
- 不少人認為菠菜鐵質含量特別高，其實是科學家標錯了1個小數點，菠菜的含鐵量跟其他深綠色蔬菜是差不多的；菠菜中還含有高濃度的草酸，會跟鐵結合形成「草酸亞鐵」，影響人體吸收，所以並不是好的鐵質來源。

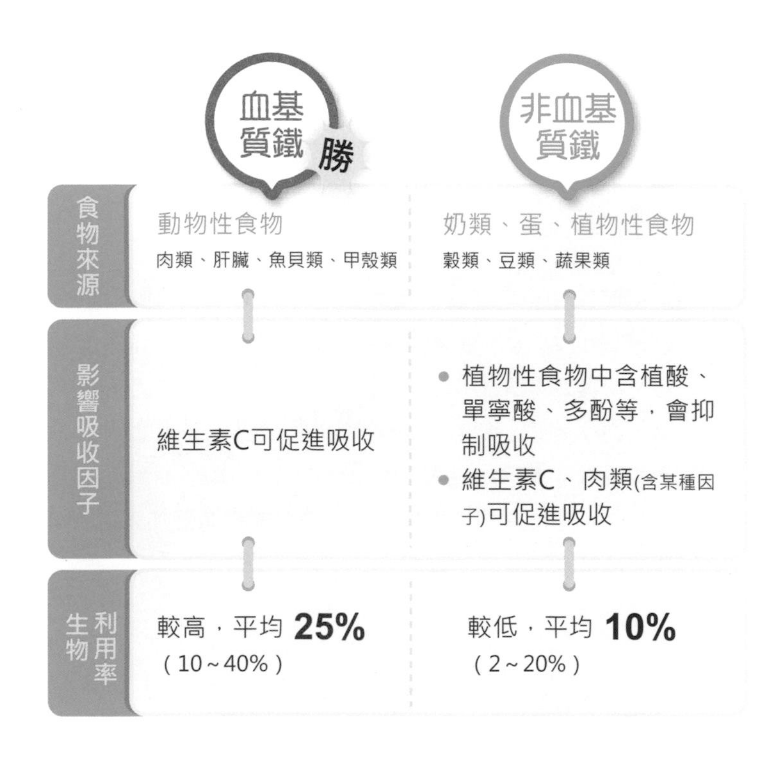

營養小撇步

各種**含鐵食物如果能配上含維生素C的蔬菜，鐵質的吸收會增加**；肉類食物含有某種特殊因子，也能幫助蔬菜和穀物中的鐵質吸收，由於這種相輔相成的關係，**建議家長在寶寶的副食品中經常性地加入肉類和蔬菜**，六個月以後的寶寶也可以在餵副食的時候搭配一點果汁。

剛開始幫寶寶添加副食品時，可以用市面上販售的含鐵嬰兒米麥粉（精）補充鐵質嗎？

不但可以，而且很好。東方、西方的家長都習慣以米麥類（例如粥）當作寶寶的第一樣副食品，可惜鐵質的含量及吸收率都不高，因此醫療界和食品界合作將鐵質添加在米麥粉（精）中，希望寶寶吃米糊、麥糊的同時也能攝取到較多的鐵質（基本上如果有添加鐵質的，也會同時添加鋅）。不過市售的米麥粉（精）並非全部都有添加鐵質，請家長特別留意成分說明。

兒科醫師有話說

雖然肉類提供鐵質的效率比較高，寶寶消化吸收也沒有問題，但如果家長不習慣一開始就給寶寶吃肉，可以先給添加鐵、鋅的米麥糊，再逐步添加蔬菜、根莖類、水果，每 3 ~ 5 天一種，利用大約一個月的時間先習慣這些傳統的初期副食，之後就可以大膽的添加肉類了。

但如果把額外添加鐵質的米糊跟肉類比較起來，何者提供鐵質比較有效率呢？讓我們來做一個小小的實驗：

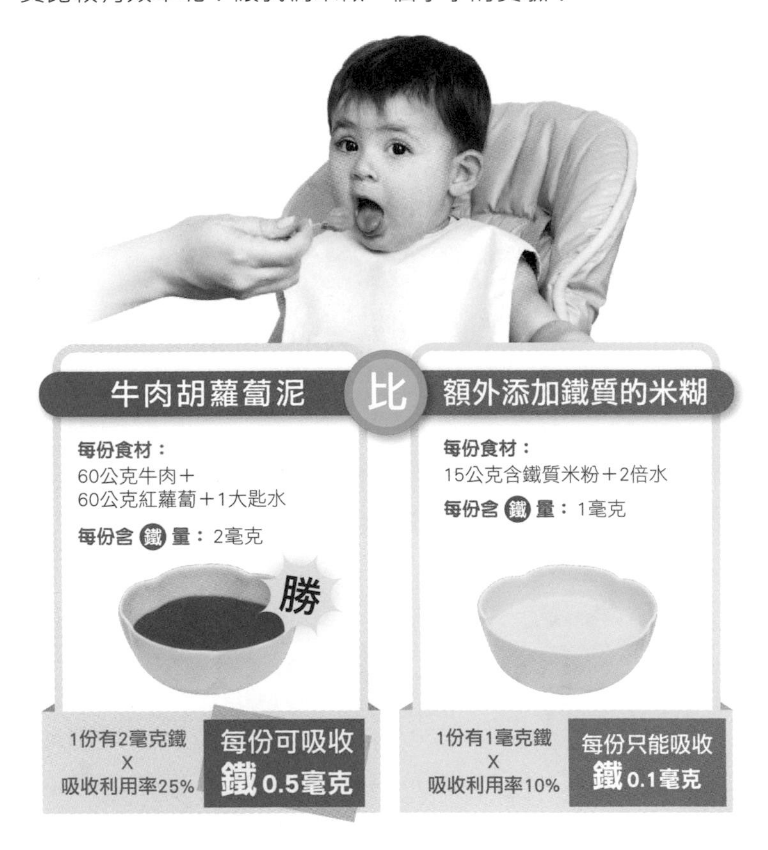

經過實際測試，身體要獲得 0.5 毫克的鐵，牛肉 60 公克（約一個雞蛋大小）＋胡蘿蔔 60 公克的食物泥只需要「1 份」的份量，添加鐵質的米糊卻需要「5 份」才能提供同量 0.5 毫克的鐵質，可見肉類提供鐵質的效率比穀類高出很多。

原則三 副食品的熱量密度也要注意喔！

「肉類」熱量密度高，提供寶寶成長所需的高熱量

寶寶因為成長快速熱量需求大，但胃口卻有限，爸媽得留意副食提供的「熱量」是不是足夠？

怎麼會有這麼大的差異呢？

原來脂肪 1 公克可以提供 9 卡熱量，蛋白質和碳水化合物卻只有 4 卡，因此油脂含量較高的食物熱量密度也較高，葉菜類雖然含有豐富的礦物質、維生素、纖維質等重要營養素，熱量密度卻相當低。嬰兒的食量不大，一碗副食品中如果有魚、肉、豆、蛋等含油脂的食物，就會有效的提高熱量密度，寶寶因此能獲得較多的熱量。

兒科醫師有話說：

兩歲前的嬰幼兒身體和腦部都在快速成長，熱量非常重要，其中脂肪提供的熱量應該占每日總熱量的一半左右。肉類（包括魚）除了含有鐵、鋅和蛋白質，還有豐富的油脂；其他油脂較高的食物除了奶類，還有酪梨、蛋、豆類、花生和堅果類（可以做成泥或塗醬），請家長千萬不要忘了包括在每日的副食當中。

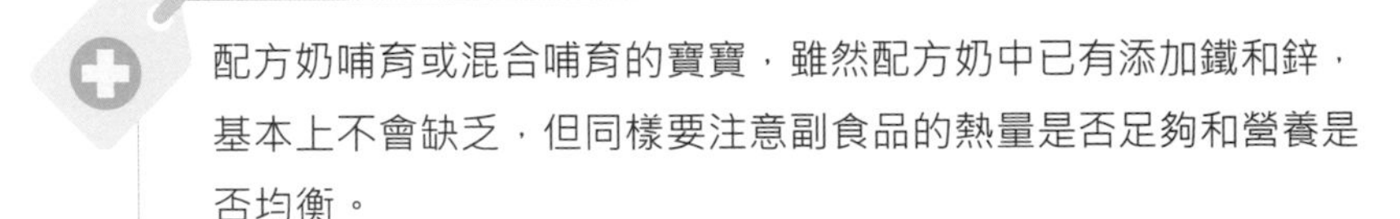

配方奶哺育或混合哺育的寶寶，雖然配方奶中已有添加鐵和鋅，基本上不會缺乏，但同樣要注意副食品的熱量是否足夠和營養是否均衡。

素食寶寶 多注意

❶ 鈣質

如果允許寶寶繼續喝奶（奶素），再加上豆製品（豆漿、豆干等）和深綠色蔬菜等鈣質來源，就不致有鈣質缺乏的風險。豆漿的含鈣量只有奶的1/8，家長可以購買特別「添加鈣」的豆漿。不喝奶的寶寶若豆漿喝得不多也不愛吃深綠色蔬菜，可能必須補充鈣片或鈣粉，請向您的兒科醫師諮詢。

❷ 鐵質

素食寶寶的鐵質只能從植物性食物中獲取，如果是純母乳哺育，應該儘量採用添加鐵質的米麥粉（精），並搭配含豐富維生素 C 的深綠色蔬菜，以促進吸收；六個月以上也可以搭配一點果汁。如果寶寶胃口不好或不愛吃，就可能會有鐵質缺乏的風險，請向兒科醫師諮詢，以口服鐵劑來補充不足的部分。

❸ 鋅

奶類是蛋奶素寶寶獲得鋅的主要來源，純素食寶寶則必須多吃含鋅較高的植物，例如全穀類、豆類、小麥胚芽、堅果類等。

❹ omega-3 多元不飽和脂肪酸

omega-3 脂肪酸對心血管健康、眼睛、腦部發展都很重要，素食寶寶可由海藻類、亞麻籽（油）、核桃、芥花油、黃豆製品等食物中攝取。

❺ 維生素 B_{12}

蛋奶素寶寶或許可以從蛋和奶中得到足夠的維生素 B_{12}，但純素的寶寶就有缺乏的風險，因為植物性食物中幾乎不含 B_{12}，必要時應額外服用補充劑。

❻ 維生素 D

素食寶寶也一樣必須每天補充 400IU 維生素 D，除非每天配方奶量超過 1000CC。

素食家庭的寶寶怎麼吃才不會營養缺乏呢？

素食寶寶的飲食原則和雜食寶寶一樣，必須滿足各種營養和熱量的需求，如果能允許寶寶繼續吃奶和蛋（蛋奶素），蛋白質、油脂和熱量來源會比較豐富；但純素食（奶、蛋亦不吃）寶寶就只能以豆類或豆製品作為主要蛋白質來源，並從堅果、種子類中獲取足夠的油脂，必須經常性的將這些食物包含在寶寶的副食中。

超實用專題

寶寶不會吃副食？循序漸進的「質地」是關鍵

觀念釐清

副食品的「質地」是什麼？

很多媽媽一定跟我原來的觀念一樣，看到碗裡有很多種食物就以為有很多種質地，其實質地和食物的種類無關，指的是食物呈現的狀態，包括乾溼、大小、軟硬、粗細、均勻不均勻等，例如「**液體狀**」、「**濃湯狀**」、「**泥狀**」、「**小顆粒**」、「**軟食物塊**」、「**硬食物塊**」等，都是不同的質地。

同一碗副食品，即使裡面有牛肉泥、胡蘿蔔泥、甜椒泥，**只要都是「泥狀」，這碗副食品等於只有一種質地喔！**

為什麼要在乎副食品的質地呢？對於本來只會吸奶的寶寶來說，他只熟悉「液體」的質地，任何一種「非液體」質地都是新鮮的體驗；而且吸吮是天生的本能，咀嚼和吞嚥的技巧卻需要經過練習才能熟練運用，就像學走路一樣，必須一步步經過翻身、坐、爬、站、扶著走，最後才能放開手自己邁步。

提供寶寶由稀漸稠、由細漸粗、由軟漸硬的副食品，就像在不同的動作發展階段提供適當的練習環境一樣，他們就會逐步學會咀嚼和吞嚥的技巧，一歲的寶寶雖然技巧還不完全成熟，但已經可以吃比較軟、切成小塊的成人食物了。

觀念釐清
寶寶沒幾顆牙齒怎麼吃固體食物？

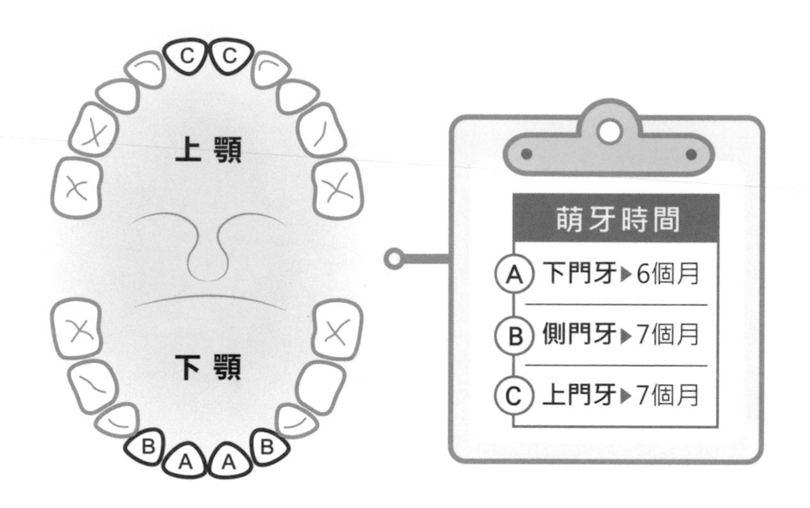

寶寶的乳牙總共 20 顆，大約 2 歲至 2 歲半間才會長齊。從上圖可以知道，6 個月左右先長出下排兩顆門牙（A），接著是下排的側門牙（B）或上排的門牙（C），1 歲左右就只有這 6 顆門牙。門牙的主要功能是「切斷」食物，只要不是很硬的食物，其實並不需要用到門牙。

1 歲左右的寶寶如果不是靠門牙，那是靠什麼來咀嚼食物呢？「咀嚼」其實包含了整個口腔的運動，嘴唇、舌頭、上下顎、牙齦和兩頰都扮演了重要的角色，牙齒是逐漸萌發後才參與咀嚼動作的。

掌握質地四階段，添加副食不卡關

每個孩子的發展腳步不一，在練習吃副食品的過程中也不見得都很順利，建議家長可以參考下列「**質地四階段**」進行餵食，並依實際進食情況彈性調整，耐心的循序漸進，就能一步步訓練寶寶發展出咀嚼及吞嚥的能力，增加餵食成功的機會。

第一階段 4～6個月

咀嚼方式▶舌頭前後移動

寶寶剛出生吸奶的時候，舌頭就已經會前後移動，將吸進嘴裡的奶往後送，再吞下去，所以一開始給他們一些濃湯狀的食物通常都可以輕鬆進食，等適應之後再慢慢增加稠度成糊狀或泥狀。

※「濃湯狀」的食物通常經過「過濾」，所以沒有渣，比未經過濾的「泥」或「糊」還細。

2 第二階段 7~8個月

加入大小差不多的小顆粒

咀嚼方式 ▶ 舌　頭：前後及上下移動
上下顎：上下運動

寶寶會吃泥狀或糊狀食物之後，可以將食物切成大小差不多的小顆粒，煮軟或蒸軟後加入食物泥中，剛開始建議煮到幾乎「入口即化」的程度，寶寶只要用舌頭把食物推到上顎去稍微擠壓一下，就可以吞下去了。等他們學會以後就可以慢慢增加食物顆粒的硬度。

3 第三階段 9～11個月

加入大小差不多的較大食物塊　　減少濃湯量

咀嚼方式 ▶ 舌　頭：前後上下及左右移動
上下顎：上下及旋轉式運動

等寶寶熟悉小顆粒的口感後，就可以嘗試較大一點的食物塊，並增加種類。食物塊不需要煮太軟，因為他們的舌頭不但已經可以很熟練地前後、上下移動，還能將食物送到左右兩邊臉頰，讓食物在口腔內和唾液充分混合，再藉著上下顎上下及旋轉式的運動，將食物弄軟、弄碎，然後吞嚥下去。此時濃湯的量，也應該逐漸減少到只要能將食物黏連在一起就可以了，食物塊比較不會在口中四散。

第四階段 1歲以上

一般食物只要比較軟、小塊的都可以吃了

咀嚼方式 ▶ 上述的方式再加上逐漸萌發的牙齒咬斷、磨碎

1歲以後，一般餐桌上比較軟的食物都可以吃了，但考量孩子咀嚼和吞嚥功能還沒有發展完全，建議家長可用剪刀將食物剪成小塊狀，並避免脆的、硬的食物（如花生、堅果、生的紅蘿蔔塊等）。

兒科醫師有話說：

在「轉換質地」的過程中，如果碰到寶寶無法適應，家長最好耐心退回到上一階段，不宜強行照著自己預定的步驟去做，因為一旦他們有失敗的經驗，例如被噎到吐出來，就會排斥副食品，結果得不償失。寶寶有個別的發展差異，餵食的進度由他們來主導比較好，大人的責任是在不同階段提供含「足夠營養」和「適當質地」的食物，讓他們有充分的接觸和練習機會。

「稀飯」是許多媽媽給 1 歲以下寶寶的主要副食品，但是不是理想的副食呢？

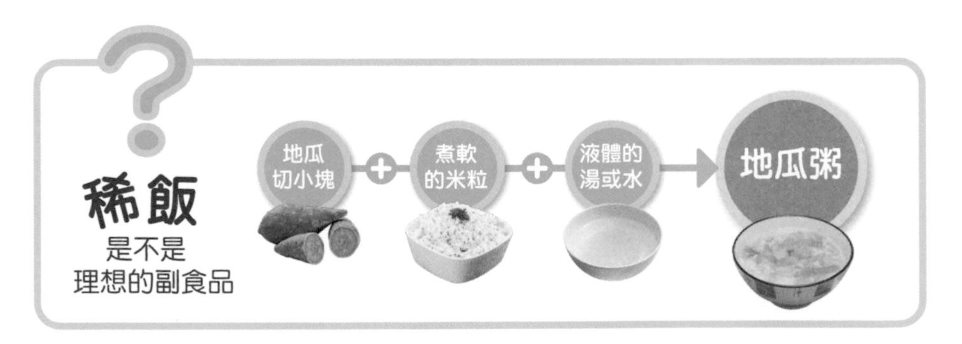

質地考量

地瓜稀飯就「質地」而言，共存在3種質地（液體的湯、煮軟的米粒、小地瓜塊），會讓寶寶在咀嚼時不容易處理，因為煮軟的米粒幾乎入口即化，但小地瓜塊又需要一定程度的擠壓才能吞嚥，加上湯汁會讓食物粒在嘴裡分散，大大增加舌頭移送的困難。

營養考量

一般傳統的八倍粥、十倍粥都加了不少的水或高湯，其實高湯並不是粥裡最主要的營養，如果粥裡添加的食物種類又有限，例如只有一、兩種蔬菜和根莖類，即使餵了一大碗，寶寶獲得的營養和熱量還是很有限。

基於以上「質地」及「營養」的考量，
稀飯其實並不是一種很理想的寶寶副食

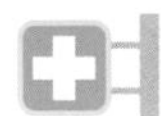
兒科醫師有話

爸媽若習慣餵寶寶吃稀飯，最好水或湯少加一些增加稠度，裡面多加幾種質地類似但不同種類的食物，例如切小煮軟的肉類、蔬菜、豆類、根莖類等，這樣不但營養均衡，寶寶好咀嚼，熱量密度也提高了。

進入過渡期

1～2歲特殊的飲食需求和型態

從出生到滿周歲，寶寶從完全依賴奶類，開始逐步嘗試不同質地、種類的副食品，也從只會吸吮進步到具備基本的咀嚼和吞嚥技巧。1～2歲的幼兒算是進入了另一個階段，奶類不再是主食，接觸的食物更加多樣化，乳牙繼續萌發，咀嚼和吞嚥的能力更好；另一方面寶寶也開始學習如何駕馭這個世界和主宰自己的部分生活，「吃」是最先能掌握的領域之一，他們逐漸脫離需要大人餵食的階段，學會自己用湯匙吃飯、用杯子喝水，2歲以後除了一些容易嗆到、噎到的食物仍需刻意避免（請見第6章），他們已經可以坐在餐桌上跟家人一起吃飯了！

爸媽們也在學習換檔，從決定寶寶的飲食，逐漸給予他們有限度的自由，讓他們選擇要不要吃、吃什麼及吃多少，把主導權漸漸交到孩子手中；營養對幼兒還是非常重要，他們也有一些獨特的需求，爸媽必須知道該提供哪些適當的食物。此外，這段時間形成的飲食習慣很容易繼續下去，好的習慣有益終生健康，相反地，不良習慣一旦形成以後要改變很不容易，必須特別留意。所以 1 ~ 2 歲可以說是一個由被動到主動、由依賴到獨立的「過渡期」。

爸媽困擾多

1. 寶寶最近怎麼都不好好吃飯呢？
奶也吃少了，體重停留在10公斤好一陣子了，真令人擔心！

2. 寶寶近來不肯要人餵，堅持自己拿湯匙吃，其實都在玩，
吃進去的很少，是不是該多補貼一兩次奶呢？

3. 寶寶本來最愛吃蛋和魚的，最近怎麼一口也不肯吃？
只肯吃肉湯拌飯，營養怎麼會夠呢？

這些都是 1 ~ 2 歲幼兒常見的問題，如果爸媽不瞭解原委以致處理不當，很容易為了吃飯引發親子戰爭，進一步造成孩子營養不足或不均衡，影響成長與發育。讓我們一起來瞭解一下這個階段特殊的飲食需求和型態吧！

1～2歲怎麼吃？幼兒的營養需求

爸媽這樣做，營養才均衡

熱量需求

1～2歲幼兒每天所需要的熱量大約是900～1000卡，如同第2章所述，成長在第一年的後半年已經趨緩，消耗在成長上的熱量也由前幾個月占總熱量的25～30%漸漸減少，到1歲時只餘不到5%。1～2歲的幼兒進入比較緩慢的成長期，這方面的熱量需求和1歲時差不多，但活動和新陳代謝所需仍然是漸增的。和1歲時相比，這一年的整體熱量需求增加並不多。

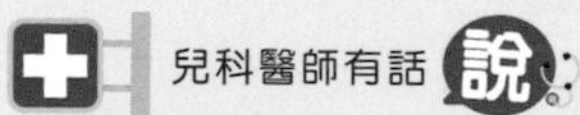

提醒家長熱量的數字只是讓爸媽有一點概念，實際生活上並不需要去計算孩子吃得夠不夠，只要提供各種具有營養價值的食物給孩子就可以了。

飲食內容

滿周歲以後，除了一些會嗆到或噎到的食物需要避免，基本上不太硬的成人食物都可以給孩子吃，太大的食物塊可以切小一點，長長的蔬菜剪成小段，幾乎不需要特別替他們準備副食品了，但也不要忽略了幼兒在營養需求上還是有比較獨特的地方：

1 歲以後奶類已經不是主食了，它提供總熱量需求的 30 ~ 40%，其餘的熱量應該來自別的食物。母乳可以繼續哺餵，如果媽媽讓寶寶有足夠的機會接觸各種食物，他們通常會自然降低吃奶的次數，不必去顧慮他們究竟吃進多少量；若是牛奶，1 歲至 1 歲半每天的需求大約在 480 ~ 720CC 之間，1 歲半以後 500CC 以內就足夠了。

奶量太少

奶類除了營養豐富，也是鈣質的最佳來源，有些父母等孩子一過嬰兒期就不讓他喝奶了，缺鈣的風險會因此增加。近年來也流行「植物奶」（燕麥奶、豆漿、米漿等），其中的鈣質含量比牛奶少很多，即使是豆漿也不過只有牛奶的 1/8 而已，維生素 A、B_2、B_{12} 的含量也不如牛奶，必須注意從其他食物補充。

奶量太多

用奶瓶喝奶的孩子因為繼續嬰兒時期的習慣，如果爸媽不加以節制，喝奶很容易超量，太多的奶會占據他們有限的食慾，其他食物就會少吃；如果孩子知道反正有奶可吃，也會沒有動機好好吃飯，久之會造成營養的不均衡。此外，牛奶的熱量高，攝食過多會增加肥胖的風險，纖維質不足容易引起便祕，如果喝的是鮮奶，裡面的鐵質不足會增加缺鐵的風險；奶的水分含量高，尿多了也需要常換尿布，增加夜醒的機率；用奶瓶喝完奶又沒有確實刷牙的話，非常容易蛀牙，「夜奶」的習慣更可能引起滿口嚴重的「奶瓶性蛀牙」，壞處真的是非常多！

1 歲前不建議喝果汁，1 歲以後雖然每天可以給 120CC 的果汁當作餐飲或點心的一部分，但建議還是以水果代替比較理想，水果的營養比果汁豐富，纖維質較高，也不像果汁那麼甜，嗜甜的習慣是一旦養成就很難再改變的。尤其要避免孩子拿著裝著果汁的奶瓶或杯子到處遊走，不時吸上幾口，剛萌發的乳牙長時間暴露在含糖飲料中，蛀牙的機率非常高，稀釋的果汁也不見得就能減少風險。

鐵質 1 ~ 2 歲幼兒還是要如同 1 歲前繼續攝取足夠的鐵質，爸媽請注意提供孩子鐵質豐富的肉類食物，搭配富含維生素 C 的蔬菜或在餐後給予水果促進鐵質吸收，否則還是會有鐵質缺乏或罹患缺鐵性貧血的風險。如果孩子對肉類很抗拒（常因咀嚼能力不好），奶類可以選擇某些廠牌的「**高鐵**」鮮奶或奶粉，多少增加一些鐵質來源，但 1 歲半以後仍須注意每天奶量不宜超過 500CC；「**成長奶粉**」中若有額外添加鐵質也可以用來暫代一般全脂鮮奶。

蔬菜 絕大部分的蔬菜低卡、低油、低鹽、不具膽固醇，也提供很多重要的營養素，例如膳食纖維、維生素 A、C、鉀離子、葉酸等，是嬰兒到成人每天不可缺少的食物。1 ~ 2 歲幼兒每天的蔬菜需要量大約是一般大小的飯碗一碗（口徑 11 公分左右），煮熟後的份量大約是 2/3 碗，如果是收縮率比較高的蔬菜像莧菜、地瓜葉等是半碗。

爸媽在嬰兒的副食品中都會認真的加入各種蔬菜，1 歲以後寶寶的自主性增強，蔬菜（尤其是深綠色葉菜類）不太有滋味，纖維又多，有的還帶點苦澀味，大部分孩子會抗拒，就逐漸給得少了，這是相當可惜的！媽媽在準備蔬食的時候可以多費點心烹調，以引起孩子的食慾，讓好習慣能持續下去，因為蔬菜是終生都不可或缺的飲食，而且占的份量不小。

穀類

「全穀」類有益健康，目前的飲食建議是2歲以上每天進食的穀類應該至少有一半是來自全穀類。爸媽對於1～2歲的幼兒也可以逐漸朝這個目標進行，煮飯可以用一半糙米（多烹煮一些時間），並提供全麥饅頭、吐司、餅乾、麵條、早餐穀片等。

脂肪

1～2歲的幼兒成長雖然已不像第一年那麼高速，但相對於2歲以後的「緩慢成長期」，速度仍然算是比較快的，腦部也還在快速發展中，因此脂肪的需求大致跟1歲前相似（接近總熱量的一半），2歲以後才漸漸減少（到4～5歲時只占大約1/3）。除了奶類應該維持「全脂」奶，爸媽也記得要提供孩子各種動物性及植物性脂肪，例如瘦豬牛肉、禽肉、魚、海鮮、蛋、豆類、堅果（醬）、酪梨等都是脂肪含量豐富、營養價值又高的食物。

調味

1歲以前的副食品不建議添加調味料，之後因為跟家人一起吃，接觸調味料就無法避免了，但口味過重或辛辣的食物還是不宜。

每天該吃幾餐？

既然幼兒食量不大又沒有耐性久坐，「少量多餐」是最好的方式，通常他們會有 3 次正餐和 2 ～ 3 次點心，點心的份量應該比正餐少，加起來大約占一天總熱量的 1/4 左右，吃太多會影響正餐的胃口。奶可以搭配正餐，也可以是點心的一部分。

點心

點心是指麵包、餅乾或甜點嗎？一般人聽到點心想到的就是這些，甚至包括洋芋片、薯條、糖果、果凍、飲料這些糖分或油脂偏高的「零食」，這是非常錯誤的觀念。幼兒的熱量需求不大，幾乎沒有空間容納這些所謂的「*空卡食物」，不論正餐或點心都應該儘量給予營養密度高的食物，點心其實是在補正餐的不足，應該視作「迷你餐」才對。

*空卡食物就是一般人說的「垃圾食品」，英文是 empty calories，它是會讓人有飽足感，但營養價值卻很低的「無營養卡路里」，包括各種飲料、糖果、蛋糕、甜點、冰淇淋、餅乾、洋芋片、炸薯條、香腸等含大量「動物性脂肪」跟「糖」的食物。

不可忽視的「迷你餐」！哪些是有益健康的點心？

新鮮水果、冷凍水果、水果乾

新鮮水果是最好的點心，可以視孩子年齡做成果泥、切成小丁、長條、片狀（太硬的如蘋果、梨子可以先煮過放涼）；夏天可以把水果放進冷凍庫或購買市售的冷凍水果，吃起來像冰淇淋一樣，水果乾（葡萄乾、蘋果乾、蔓越莓乾、加州李乾等）也是孩子喜歡的，切小之後讓他們自己用手抓著吃，由於糖分較高，建議份量是新鮮水果的一半。

油脂／蛋白質類

白煮蛋、茶葉蛋、切丁的滷豆干，或將花生醬、堅果醬或罐頭鮪魚弄碎做成抹醬塗在麵包或餅乾上，都是有營養、熱量又不很高的優質點心。

海苔

海苔的營養價值高、熱量低，也可以當成幼兒的點心，但海苔都有調味，要注意挑選較不鹹的，也要限制份量。

蔬菜類

煮熟或燙過的紅蘿蔔、四季豆、西芹、黃紅椒、花椰菜、地瓜、馬鈴薯切成棒狀、長條或適當大小，豌豆煮軟壓扁，都是很好的點心；也可以準備水果優格或堅果、花生沾醬，提高孩子的食慾。

奶製品

除了牛奶，優格或起司也是優質的點心，優格最好採用無糖的，跟水果攪在一起一樣會有甜味；起司幾乎都是鹹的，不宜吃過多以免攝取過量的鈉。

全穀類

選擇全麥或多穀類做成的麵包、貝果、餅乾或米餅等，早餐穀片也是不錯的點心，但儘量避免精製過或裹糖粉、糖漿的。

我並不想給孩子喝太多奶，可是他會討啊！除了睡前一定要，有時候明明吃飽了也會討，不給就會大哭，該怎麼處理呢？

幼兒會依戀吸吮奶瓶帶來的安撫效果，討奶喝的目的有時候不是單純的生理需求，而是心理上的需要，跟吸奶嘴的功能是一樣的。如果爸媽也覺得奶瓶方便好用，沒有想到要去戒斷這個習慣的話，孩子當然不會主動放棄奶瓶，甚至跟奶嘴一樣，一旦成了習慣反而愈吃愈多。

過了嬰兒期還繼續使用奶瓶，除了奶量常常會超過身體需要，帶來前面我們提過的種種壞處，有些孩子習慣隨時啣著奶瓶，連說話的意願都會減低，部分孩子的「夜醒」也是因為靠吸奶瓶才能入睡的關係。

想要避免使用奶瓶的壞處，最好是在6個月後就逐漸訓練孩子使用杯子（請參考第5章），1歲以後逐漸以杯子取代奶瓶，最慢2歲前把奶瓶戒斷。假設爸媽錯過1歲前的訓練時機也不用太緊張，隨時都可以開始訓練，奶瓶如果一時斷不了，至少應該限制吃奶的次數及奶量，並且在喝完奶後幫孩子刷牙。

1 歲以後應該喝「成長奶粉」還是已經可以改喝鮮奶？

滿 1 歲可以改喝全脂鮮奶，如果想繼續用成長奶粉沖泡也沒什麼不可以，成長奶粉和嬰兒奶粉一樣是由全脂牛奶改造而來，其中某些成分經過調整（例如降低了蛋白質含量），某些成分被添加進去（例如各種礦物質、維生素等）。如果幼兒日常的飲食營養均衡，喝哪一種奶並沒有差別，畢竟奶已經不是主食，而且都能提供足夠的鈣質；但如果孩子不好好吃飯或很挑食，成長奶粉中添加的礦物質和維生素對他們多少有幫助，尤其鐵質和維生素 D 是幼兒很需要的。

奶應該在什麼時候喝呢？我們家弟弟還是習慣早起喝一次，晚上睡前喝一次，有時候午睡前也會要，這樣可以嗎？

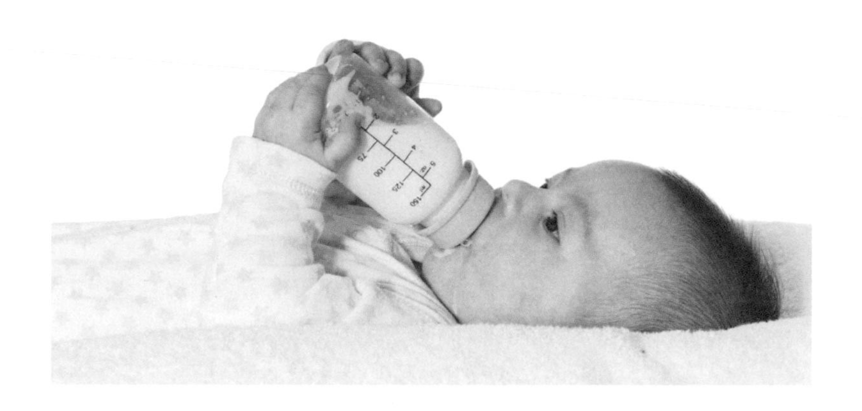

每天 480 ~ 720CC 的奶並沒有規定一定要在什麼時候喝，晚上睡覺前喝奶是嬰兒時期的習慣，就像宵夜一樣不見得有繼續的必要，非喝不可的話記得要刷牙，午睡前喝也一樣，這其實不太容易做到，因為喝完孩子常常已經睡著了，或至少睡意朦朧不容易叫起來了。

其實只要戒斷奶瓶，孩子很少會在睡前討一「杯」奶喝的，大多是因為躺著喝奶的習慣有「助眠」的效果，爸媽可以嘗試用其他的睡前活動例如洗澡、刷牙、看童書等取代。早起喝一次奶，搭配其他食物當早餐，其餘的奶分成兩次在點心時間喝應是不錯的安排。

點心應該什麼時候吃比較適當呢？我們家妹妹不好好吃飯的時候，我常常會忍不住塞點東西給她，因為她會比正餐願意吃，只是這樣好嗎？

點心跟正餐一樣，最好有**固定的時間**，通常一次點心在早餐和午餐之間，一次在午餐和晚餐之間，晚餐若吃得早，睡前還可以增加一次。隨時都在吃是不好的習慣，孩子根本沒機會體會飽、餓的感覺，不容易學會餓了該好好吃、吃飽了就該停下來，不了解「飽足」的感受，會大大增加肥胖的風險。有些爸媽因為孩子不好好吃飯，就讓他整天拿著奶瓶或杯子，隨時喝幾口牛奶或果汁，也是很常見卻要不得的做法，壞處很多如前文所述。

幼兒一日食譜範例

很多爸媽都擔心孩子吃得太少，1 ~ 2 歲幼兒大約需要熱量 900 ~ 1000 卡，1000 卡大約是多少食物呢？其實並不多，尤其再扣掉 300 ~ 400 卡的奶，分到 3 次正餐及 2 ~ 3 次點心中份量更少，我們模擬了 2 歲孩子一天的食譜給爸媽做參考，1 ~ 2 歲的孩子份量可以再酌減。

1 杯 =1 碗 =240CC，1 小匙 =5CC，1 盎司 =30 公克

早餐
- 半片全麥吐司
  塗抹 1 小匙果醬／花生／堅果醬
- 1 顆熟雞蛋
- 半杯全脂牛奶可酌量添加全穀片
- 半根切片香蕉或 2 ~ 3 大片草莓

點心
- 半個小貝果
  塗抹 1 ～ 2 小匙堅果醬花生醬或擺上半杯水果切片
- 半杯水

午餐
- 半個三明治
  用一片全麥土司夾入雞肉片、起司、番茄片
- 2 大匙煮熟的綠色蔬菜
- 半杯全脂牛奶
- 半杯切片水果

點心
- 半個切片蘋果或橘子
- 半杯全脂牛奶

晚餐
- 2 盎司（約雞蛋大小）牛肉切丁 + 2 大匙煮熟的黃色或橙色蔬菜 + 1/3 碗米飯做成燴飯
- 半杯全脂牛奶

這些都很常見，爸媽請別訝異
幼兒獨特的飲食型態

別犯這些錯喔！

1 歲以前孩子在生活上是依賴大人的，滿周歲以後開始追求「自主」，表現在吃飯方面除了會跟大人搶湯匙想自己吃，還會出現一些特別的飲食型態；同時間成長也緩慢下來，比起 1 歲以前食量似乎並沒怎麼增加，甚至是減少了，往往引起爸媽很多困惑與擔憂。下面列出 1 ～ 2 歲孩子常常出現的特殊飲食型態及爸媽常犯的錯誤，趕快看看該怎麼做！

沒耐心把飯吃完或拖延時間

1 歲以後孩子會走路了，環境裡有太多的事物讓他們感興趣，很難再乖乖坐在餐椅上把一頓飯吃完，不然就是邊吃邊玩，把一頓飯的時間拖得很長。如果給他們湯匙學習自己吃飯，那更是成了另一個遊戲場所，通常吃了一兩口之後，湯匙就成了玩具，啃、敲、扔......無所不來，拿來揉捏的食物比吃進嘴裡的還要多，都是很常見的現象。

爸媽常犯的錯誤

爸媽因為還有其他的事情要做，也擔心孩子吃得太少，鼓勵無效之後，很自然就是哄騙、威脅、利誘，希望趕快把準備好的食物餵完，也很少爸媽有足夠的耐心和包容力讓幼兒學習自己吃飯；當幼兒在餐椅上坐不住，只好讓他下來，一邊遊走、玩耍，一邊一口口餵食。

怎麼做比較好？

1 跟家人同桌吃飯

把電視關掉、手機拿開，玩具也不要帶上桌，餐桌上一盤盤的食物、大家的笑語和各種動作，對孩子就會有足夠的吸引力。一頓飯合理的時間對孩子、成人都是 20 ～ 30 分鐘左右，當他吃得差不多了就應該結束，不應無限制延長，延長了也不會有多大的效果；若孩子坐不住就讓他下來遊走餵食，以後他會更沒有耐心在餐椅上久坐。

2 以溫和的提醒和催促代替責罵和威脅

責罵、威脅等方式都不會見效，即使有也只是暫時的，不愉快的經驗久之反而會減低他們吃飯的興趣，應該儘量避免。

3 訓練幼兒自己吃飯

適時幫助孩子學會自己進食的技巧可以預防很多吃飯的問題（請參考第 5 章），但即使他們已經能自己進食，還是常常會把吃飯當成一場遊戲，玩得過火的時候，爸媽必須適度的給予限制，如果覺得他已經沒有動機再吃，就乾脆結束這一餐。

胃口小而且變化大

1歲以後，爸媽普遍覺得孩子的胃口比起一歲前變小了，其實把時間拉長來看，他們並不見得少吃了多少，雖然比起0～1歲的快速成長期增加並不多，這是因為身體的需求接近停滯的關係。最讓爸媽不解的是他們的胃口每天不同，甚至一天裡的每餐也不同，有時候吃得還可以，有時候食量讓人嚇一跳，最常遇到的情況是吃幾口就不吃了。

爸媽常犯的錯誤

★ 如果還是抱著1歲前食量三級跳的期待，自然會失望與擔心，不由自主的想強餵，欲爭取獨立自主的孩子會更加抗拒，不是緊閉嘴巴就是把東西吐出來，比較溫和的是含在口裡不吞下去，讓爸媽無法繼續。

★ 爸媽愈是千方百計的哄騙，孩子愈把吃飯當成一種他能掌控的遊戲，追著餵食的場面於是常常在家裡上演，開著電視、邊玩玩具邊吃也成了家常便飯。

★ 有些爸媽因為孩子正餐吃得少，不時提供他們比較願意接受的奶類或甜點，填飽了肚子，下一餐孩子更不會好好吃。

怎麼做比較好？

❶ 降低期待

爸媽首先應該調整對孩子食量的期待，才不致給雙方增加壓力。每個人的食慾都只有自己知道，所以還是再提醒爸媽一次，把握 1 歲半前訓練「自己吃飯」的時機是很重要的，一旦孩子學會自己吃，吃不吃、吃多少、吃什麼的決定權都在他們手裡，爸媽只需要提供適當的食物和環境，必要的時候伸出一點援手就可以了，一定會感覺輕鬆很多，若實在看不下去，夾雜著餵幾口也沒什麼不可以。

❷ 每次只給少量食物

請注意不要一次給太多食物，會造成孩子的壓力，每次在他的小碗裡放少量就好，比較有可能吃完因而產生成就感，等他們吃完了表示還要的時候再給少量。

❸ 三餐和點心的時間儘量固定

即使這一餐吃得不多，也應該等到下一次進食時間再提供食物，讓他們餓一餓沒關係的；就算等到下一餐還是不大吃，也只是表示他的胃口暫時不太好，所以不覺得餓，爸媽就算心裡焦慮也不要表現出來，耐心等待就可以了，孩子都有求生存的本能，當身體需要營養的時候，食慾自然會出現的。

對食物的喜好變化大或挑食

除了食慾變化大，幼兒對食物的喜好也陰晴不定，例如明明最愛吃蛋的，近來卻碰也不碰，原來不吃起司的，最近卻愛上了......，很顯然1～2歲的孩子對不同食物的味道、質地都還在體驗當中，喜好並沒有固定下來。

幾乎很少幼兒不挑食的，除了不愛吃綠色蔬菜是通病，有的排斥難嚼的肉類，有的對水果敬謝不敏，也有的只肯吃白色的食物，例如白飯、麵條、吐司、起司、蘋果等，比較極端的是只肯吃一兩種食物，例如攪了湯汁的白飯或塗奶油的麵包......，其他食物一概拒絕。

為什麼會這樣？醫學上也說不清，恐怕也是「自主性」正在發展的緣故，而孩子的氣質和爸媽的態度或許也有影響。孩子過度挑食如果是暫時的不要緊，時間長了是會影響健康的。

爸媽常犯的錯誤

★ 爸媽最常做錯的，舉例來說就是哄著孩子多少吃一兩口他不愛吃或拒吃的蔬菜，吃了才把他喜歡的碎肉洋芋泥給他，或甚至以飯後冰淇淋當獎勵，這樣做會讓他覺得洋芋泥或冰淇淋才是比較好的，不太可能真的接受蔬菜。

★ 孩子如果嚴重挑食，例如只愛吃白飯，爸媽常常就只提供白飯，希望他至少吃一點，這樣做等於放棄讓他接觸其他食物的機會，而且哪天他連白飯也厭倦了怎麼辦？

★ 爸媽也常會給孩子「貼標籤」，例如說「他都不吃蔬菜的」、「他只吃蘋果」等，其實這個階段他們的好惡還未固定，改變的機會很大，被貼上標籤之後，恐怕自己也會這樣認定，見了蔬菜就推拒，除了蘋果其他水果一概不願嘗試。

怎麼做比較好？

❶ 先做好心理準備

1 歲以後幼兒會對食物變得很有主見，不再像嬰兒期餵副食品的時候那麼溫順，爸媽若先有心理準備，孩子推拒的時候就不致產生激烈的情緒反應。

❷ 新的或孩子不愛的食物把握每次少量、多次嘗試的原則

提供給孩子的食物可以大部分是他愛吃的，再加上一兩樣他不曾接觸的或不怎麼愛吃的。嘗試的次數不是 1 ~ 2 次，也不是 3 ~ 5 次，而是至少 8 ~ 10 次，研究發現接觸的次數愈多，孩子的接受度就會愈高；8 ~ 10 次後如果還是不成功，也不必氣餒，同類食物中有很多種可以選擇，不愛吃肉可以吃魚，不愛吃菠菜可以吃青江菜……，不需要每一樣都接受。

❸ 改變烹調方式

例如炒肉絲不吃，做成馬鈴薯燉肉也許就肯吃了；炒青菜不吃，加上優格沙拉醬拌一拌就多少願意嘗試了。

❹ 以身作則

爸媽不但幫孩子準備各種各樣的食物，自己不挑食也會有示範作用。

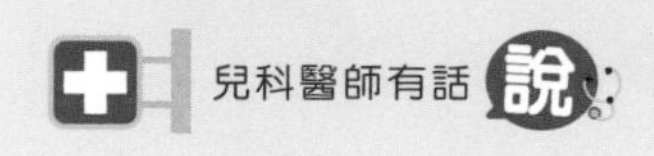

其實營養的均衡不能只看1～2餐或1～2天，應該拉長到至少1～2週來看，研究發現如果讓孩子自己吃的話，他們在幼兒時期就已經具備自我調節食量和選擇食物種類的本能，基本上每天攝取的總熱量大致差不多，這一餐吃少了，下一餐就會多吃一些；對食物雖然常一陣陣會有特殊的好惡，長久下來大部分孩子倒也能維持不錯的營養均衡，所以爸媽只要提供各種不同營養、味道、質地的食物就可以了，不必斤斤計較每天、每餐的營養夠不夠。但如果孩子極端挑食，還是應該向兒科醫師諮詢的。

為什麼寶寶近來只長高不長肉，是不是吃太少啦？

經過第一年成長最快的階段以後，體重和身高增加的速度就會開始趨緩，1 ~ 2 歲的孩子身高增加比較多，體重相對增加比較少，加上皮下脂肪也漸漸減少，臉型和體型會變得不再像嬰兒期那麼圓潤（俗稱嬰兒肥），而爸媽的心態還常常停留在第一年，因此會擔心孩子在「消風」，也很容易跟飲食型態改變聯想在一起，其實這是孩子在「抽高」的正常現象。

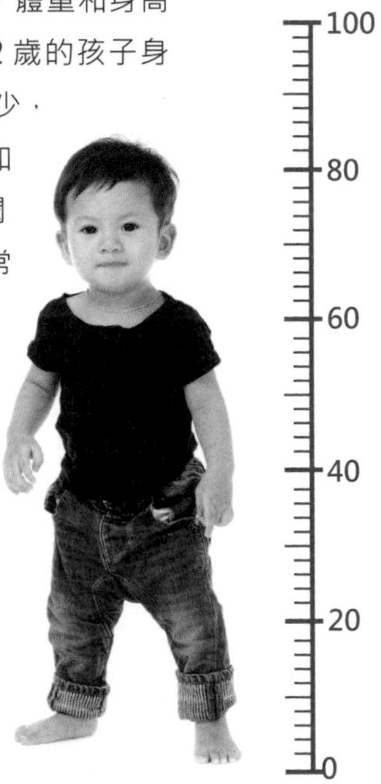

第5章

大突破
寶寶自己吃，爸媽好輕鬆

外出吃飯時，你有沒有注意到有些幼兒還是由爸媽或阿公阿媽一口口餵飯吃，有些卻已經可以坐在高腳餐椅上，自己慢慢的舀飯吃？像春嬌妹自己有三個孩子，一口口餵不知道要花多少時間，最希望一聲令下他們就乖乖坐好自己吃飯。為了實現這個「媽媽的美夢」，我很早就開始研究要如何訓練寶寶自己吃東西囉！

1 歲以後孩子就開始脫離完全依賴大人的階段，逐漸發展出自己吃飯、穿衣、上廁所、洗澡等自我照顧的技巧，這是社會化很重要的歷程，爸媽只要在適當的時機提供他們充分練習的機會，經過一段時日自然就能輕鬆掌握囉！國內的爸媽在「吃」的方面常常不願意放手讓孩子自己來，一方面無法忍受髒亂，另一方面覺得營養很重要，不放心由孩子自己掌控，這其實是親子雙方的損失，非常可惜！

訓練寶寶自己吃飯的 四大好處

自己吃好處多，孩子也會更獨立

1 可以自己控制食量、避免親子餵食戰爭

每個人的食慾好壞只有自己知道，孩子也一樣，尤其1歲以後孩子的胃口多變，只有他知道是不是想吃及想吃多少。食慾不佳的時候，由爸媽主導的餵食常會造成壓力和反感；大人常追著會走路的孩子，花費很多時間和精力餵飯，或孩子常一口飯含著不吞下去，都是親子「權力爭奪戰」的顯現，把吃飯的主導權交給孩子，可以避免這樣的後果。

自己吃也比較能學會飽足了就停止，減少日後肥胖的風險。爸媽常主觀的先設定孩子該吃的量，然後很努力的通通餵完，比較有個性的孩子也許會抗議，溫順的卻可能照單全收，沒有機會在飽足的時候叫停，也接受了身體不需要的、多餘的熱量。

2 掌控飲食技巧

飲食技巧包括咀嚼、吞嚥和使用食具的能力，都需要經過學習才能獲得，然後透過不斷的練習愈來愈熟練，這些技巧將奠定他們一生飲食健康的基礎。

3 參與家人用餐時互動

吃飯並不是單純「進食」而已，也是很好地跟他人（尤其是家人）互動的時刻，孩子還同時在學習餐桌禮儀、感受飲食文化，這種寶貴的經驗愈早開始體驗愈好。如果寶寶完全由大人餵食，媽媽常常是先餵飽了他，自己才上桌吃飯，他就無緣上桌跟家人一起享受用餐時光了！

4 培養獨立自主

根據著名心理學家 Erikson 的「心理社會發展理論」（人格發展論），1 歲半至 3 歲的孩子主要的發展任務是「自主性」，若爸媽鼓勵獨立自主，可以建立起他們一輩子的自信心；相反的剝奪他們的機會，始終像嬰兒一樣對待他們，可能會養成未來容易羞怯、退縮、缺乏自信的性格。在進食、穿衣、大小便控制等自我照顧的技巧中，吃飯是孩子最早能掌握的，如果爸媽在嬰兒期就讓他們逐步練習，1 歲半的幼兒通常已經自己吃得不錯了，在獨立自主上可以說成功的跨出了第一步。

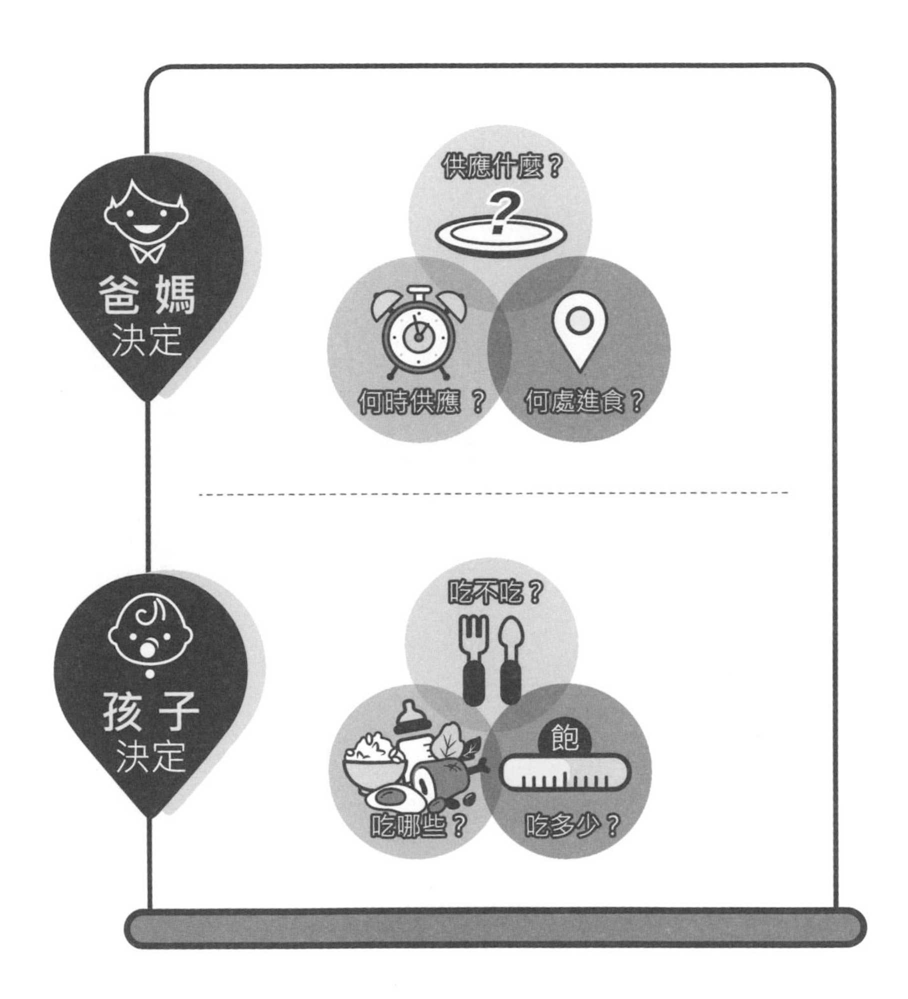
爸媽
決定
供應什麼？
何時供應？
何處進食？
孩子
決定
吃不吃？
飽
吃哪些？
吃多少？

寶寶學吃飯 訓練有訣竅

1 歲半前是最好的訓練時機

地點：坐在餐椅上（放在餐桌旁的固定位置）

從寶寶滿 4 ~ 6 個月開始接觸副食品，就可以幫他準備專屬的嬰兒餐椅，放置在餐桌旁，除了讓他們習慣在固定的位置進食，也為了以後跟家人一起進食做準備。

準備工具：幼兒餐具、圍兜

餵副食的湯匙最好不要以大人的代替，因為寶寶使用的湯匙比較淺，食物容易進入嘴裡，但是當他們開始練習自己進食的時候，可以換深一點的幼兒湯匙，比較容易挖到食物，即使灑掉一些也還有一些在，不致太挫折。

湯匙

食具挑選材質安全耐用（摔不破也咬不壞）、寶寶好抓握的就好。

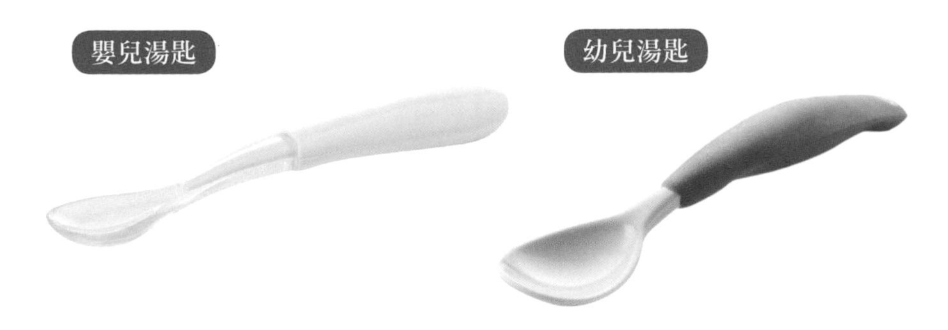

嬰兒湯匙　　幼兒湯匙

碗

嬰兒吸盤碗

選擇可以吸附在桌面上的那種小碗最好。

杯

嬰兒訓練杯

訓練杯可能需要嘗試兩、三款，找出一款適合的。

圍兜

幼兒防漏圍兜

方便清洗、可以兜住漏掉食物的圍兜也是媽咪不可少的好幫手。

環境：避免易分心事物

剛開始練習吃副食的時候，最好環境單純一些，只有媽媽、寶寶兩人就好，因為他們很容易分心，如果電視開著、小狗在餐桌下穿梭……，一定會受到影響。等到餵食順利以後，再讓他跟大人一起進餐。

「用湯匙吃飯」聽起來是輕而易舉的事情，但小嬰兒想要做到握緊湯匙、舀起食物、穩定移動到嘴巴面前、放入口中這一連串的動作，卻需要由簡單至複雜逐步去學習。家長可參考以下的步驟：

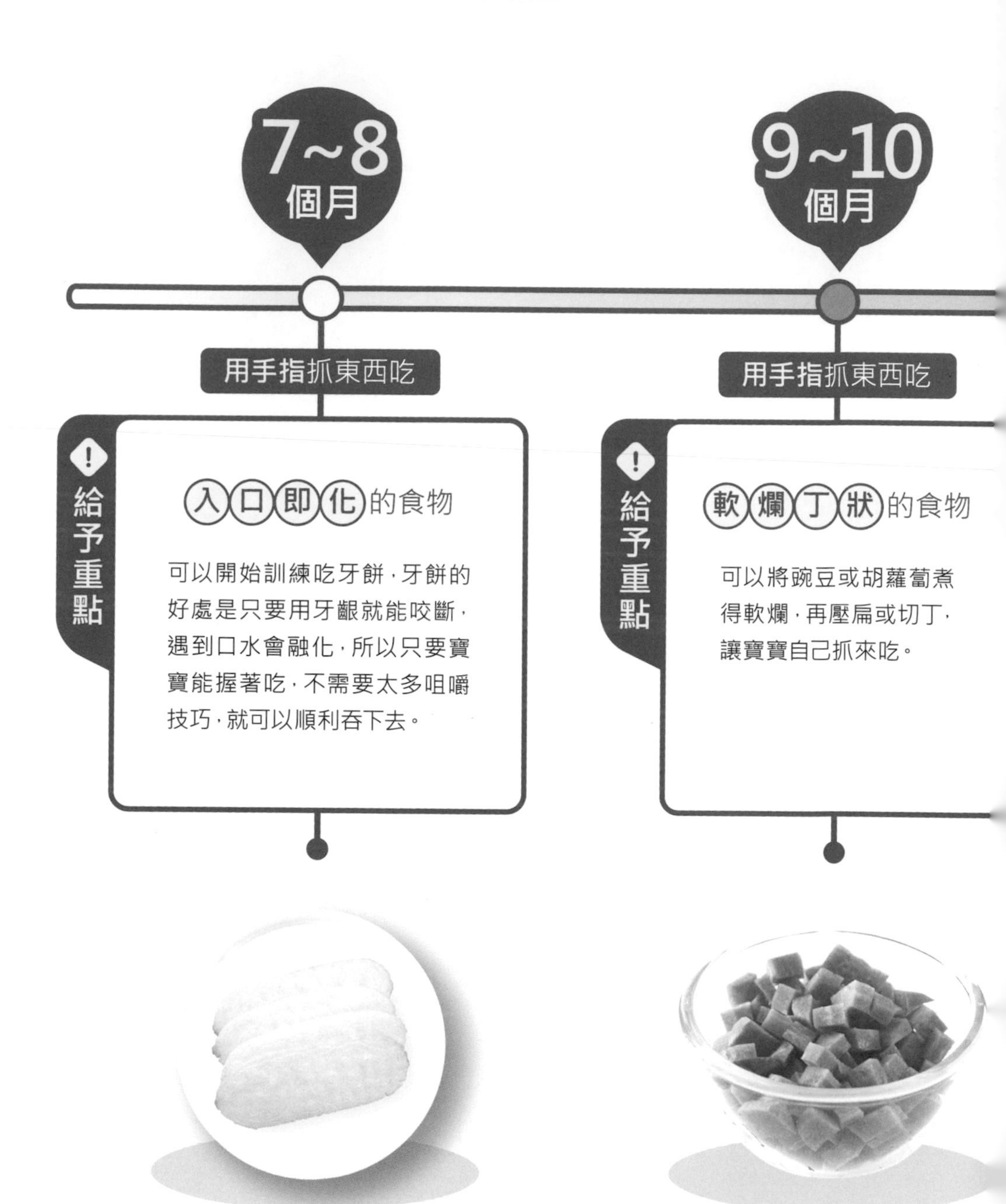
7~8
個月
用手指抓東西吃
給予重點
入口即化的食物
可以開始訓練吃牙餅，牙餅的好處是只要用牙齦就能咬斷，遇到口水會融化，所以只要寶寶能握著吃，不需要太多咀嚼技巧，就可以順利吞下去。
9~10
個月
用手指抓東西吃
給予重點
軟爛丁狀的食物
可以將豌豆或胡蘿蔔煮得軟爛，再壓扁或切丁，讓寶寶自己抓來吃。

13~15 個月

用湯匙吃飯

1歲半以前是訓練孩子自己拿湯匙吃飯的最好時機。

由於心理發展進入「自主期」，他們會跟大人搶湯匙想要自己吃，也已經發展出可以穩定的握住湯匙、在碗裡舀食物、送入嘴巴等精細動作，有動機加上有能力自然事半功倍，通常練習2~3個月他們就能吃得不錯了。

長條棒狀的食物

上一步學會後，就可以給寶寶一些長條狀、煮軟的胡蘿蔔棒，或是把吐司稍微烤硬一點，讓他們拿著吃。

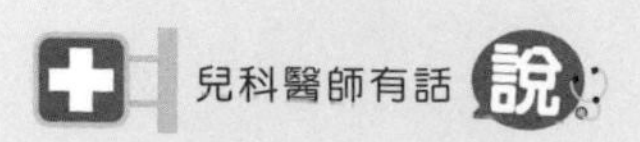

寶寶逐漸學會用手指抓東西吃也跟他們的抓握能力發展有關，爸媽可以觀察他們的抓握方式再提供適當的食物。

7 ~ 8 個月大時，抓握是用多個手指，太小的東西抓不起來，也容易一抓一把，所以不適合給零散的小粒食物。

9 ~ 10 個月以後，抓握比較細膩，會用拇指和食指嘗試把小東西捏起來，剛開始是用拇指尖和食指側面夾起，食物粒稍大一點會比較好抓。

接著很快就進步到用拇指、食指尖準確的捏起小東西了，11 ~ 12 個月左右捏起小顆粒的食物對他們已經不是難事。

我讓寶寶用湯匙自己吃，可是他捨湯匙不用，都用手抓，搞得到處都是，我應該繼續嗎？

最好不要一下子就把碗、湯匙、食物全交給孩子，可以嘗試一步步來：

步驟 1 媽媽餵寶寶吃飯的時候，可以給他自己的湯匙讓他玩，兩人手裡都握著一樣的東西，他很快就知道湯匙是做什麼用的。

步驟 2 一旦他會把它送入嘴裡，就可以握著他拿著湯匙的小手，伸入碗裡挖一點點食物，然後幫著他送進嘴裡。

步驟 3 多練習幾次之後再給他小碗，放少量食物在裡面，同樣的握住他的小手，用湯匙舀了食物送進嘴裡，吃完了再給他少量。

步驟 4 寶寶一邊練習，媽媽一邊餵食，逐漸地，他吃進的食物愈來愈多，媽媽才放手讓他自己吃。

至於進食時的髒亂，恐怕是必經的過程，大致上要到2歲，甚至2歲半，孩子才會吃得比較有效率。其實玩食物的時候也是在探索食物的形狀和質地，有助於他們接受各種不同的食物，不見得都是不好的。爸媽可以溫和、堅定地提醒他們多用湯匙、少動手，或幫他們把亂丟的食具放回原處；如果他們根本意在玩耍，沒有食慾，乾脆停止這頓進食，抱離餐椅，等下一頓再說。

奶瓶遲早要退役 如何訓練寶寶使用杯子？

一步一步來，用杯子喝水不難嘛！

由於母乳跟配方奶 88% 都是水分，哺乳期的寶寶不需要額外補充水分，但等到副食品已經吃到相當的份量時，攝取的奶量會減少，就要開始補充一些水分了，這就是訓練寶寶使用杯子的最佳時機。

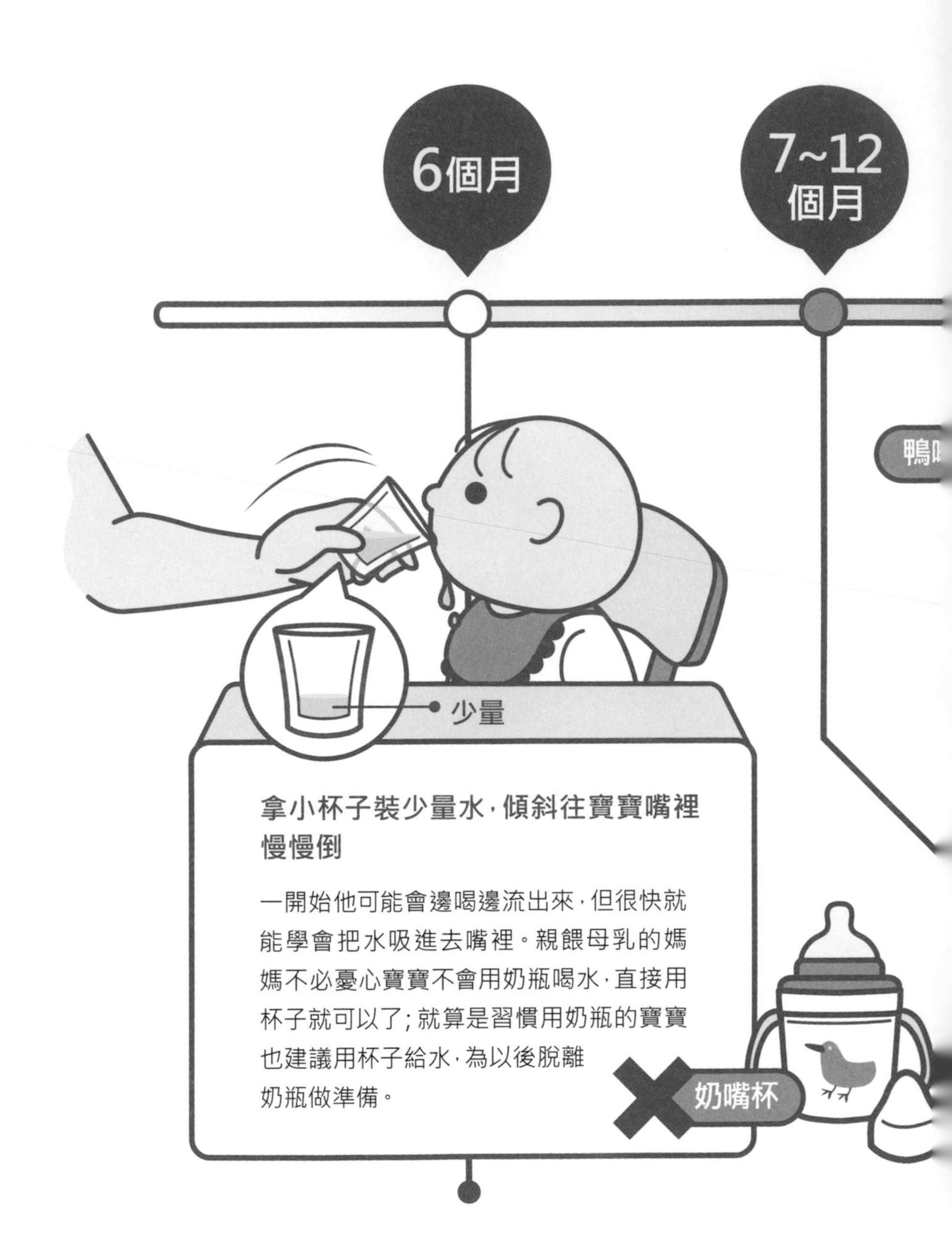

拿小杯子裝少量水，傾斜往寶寶嘴裡慢慢倒

一開始他可能會邊喝邊流出來，但很快就能學會把水吸進去嘴裡。親餵母乳的媽媽不必憂心寶寶不會用奶瓶喝水，直接用杯子就可以了；就算是習慣用奶瓶的寶寶也建議用杯子給水，為以後脫離奶瓶做準備。

市面上有許多種有蓋訓練杯，兩邊都有把手，其中鴨嘴杯跟奶嘴一樣都需要吸吮，可以示範給寶寶看如何將杯子舉高喝水；如果吸入口有防潑灑的瓣膜，使吸吮較吃力，可以先把瓣膜拿掉就會好吸得多。如果寶寶不愛或不會使用鴨嘴杯，也可以嘗試吸管杯。

1~2
歲

進階練習

1歲~1歲半時，已經可以自己拿著蓋子上有小口的訓練杯往嘴巴裡倒

之後就可以開始練習拿著普通的杯子喝水，2歲前就可以拿得很穩了，雖然難免會灑出但量不多。

兒科醫師有話說

寶寶在學習自己進食的過程中，缺乏效率和髒亂是一定會有的，其實孩子學會每一項重要的技巧都需要花費不少時間和力氣，走路、講話、控制大小便等無一不是，爸媽不會因為麻煩，就一直抱著孩子、總是進行無聲的溝通或始終讓他包著尿布吧？保持耐心和持續的鼓勵是必須的。此外，每個孩子的發展腳步會有些差異，爸媽儘量不要有「比較心理」，只要給他們機會和足夠的時間，沒有理由學不會的。

第6章

頭痛時間
爸媽們最常遇到的嬰幼兒餵食問題

厭奶

寶寶本來吃奶很順，突然間變得不太愛吃，每次都剩30～60CC，勉強他還會生氣，到底怎麼回事？

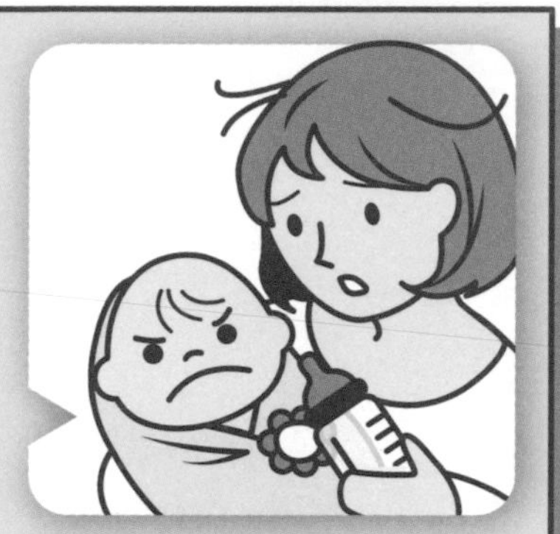

厭食

寶寶原本副食吃得不錯，這一陣子卻只吃兩三口就不肯吃了，這樣下去會不會營養不良？

從寶寶出生開始吃奶到接觸各種副食品，過程中難免會有一些狀況發生，像厭奶、厭食、不太接受副食品、挑食等，讓爸媽擔心和焦慮；爸媽也常疑惑是否某些食物不適合餵寶寶吃，或吃的時候需要特別注意哪些事情，春嬌妹找到了一些錦囊妙計，讓我們用正確的知識、專業的做法來解決這些頭痛難題吧！

機器定時定量上油就會運轉，人卻複雜得多，大人的食慾可能每天或每餐都不太一樣，小孩也是如此，嬰兒暫時性的「厭奶」或者「厭食」都是很常見的現象，原因包括生病了、長牙、天氣熱、上一餐吃多了、不習慣或不適應新食物等，也可能是處在「*成長調整期」，身體對營養的需求降低而已。如果寶寶有其他症狀例如發燒、流鼻涕、腹瀉、出疹等當然應該就醫，其他原因引起的厭食並沒有甚麼大礙，媽媽可以細心觀察一兩天尋找可能的原因，幾天後若仍無改善再就醫也不遲。

*** 嬰幼兒的成長（身高、體重）並不是每時每刻都在增加，而是受到很多複雜的因素在控制，出生後的 6 個月內常見的是遺傳（父母體格）的影響會漸漸顯現，如果父母身材比較高大，孩子常會呈現快速的成長；相反地，若是父母身材矮小，孩子會有成長緩慢的現象，此時因為營養需求不大，可能導致厭食。這方面的知識比較專業，必須由兒科醫師來判定。**

試試看！長牙不適三大招

長牙常會引起嬰兒暫時性的厭食，媽媽察看寶寶口腔會看到牙齦腫脹或牙齒正冒出一點點，可能還會伴隨煩躁不安、流口水、睡不安穩、想啃咬東西等現象。有哪些方法可以減少不適呢？

1 給予固齒器或玩具啃咬

不妨給寶寶一個可以啃咬的固齒器或玩具，有些固齒器還可以冰鎮過，或許效果更好一些；手邊若沒有固齒器，把一條乾淨的紗布巾放在塑膠袋裡，放進冰箱下層一小段時間再讓寶寶啃咬，也可以按摩牙齦、麻痺痛感。寶寶若有在吸奶嘴，也可以先冰鎮一下。

2 把食物弄涼或質地弄得細一點

如果寶寶想吸奶，但吸一點點就哭，很可能是因為疼痛，可以把奶弄涼一點再試（喝冷的奶並不會造成腸胃不適）。如果已在吃副食了，同樣可以弄涼一點，或暫時把質地弄細一點避免咀嚼造成疼痛；水果類先冷藏過再壓成泥，寶寶或許比較願意吃；市面上也有一種「網狀水果棒」可以把冰過的水果裝在網袋內讓他們吸食。

❸ 需要時可給予止痛退燒藥

如果寶寶看起來真的很不舒服，手邊若有醫師開的常備退燒藥也可以餵他吃一兩次，退燒藥都有止痛作用，劑量和用法都與退燒時相同。沒有發燒時，退燒藥並不會使體溫下降，媽媽不用擔心。

注意喔！避免強迫是關鍵

不論是什麼原因引起厭奶或厭食，關鍵在於「切莫強迫餵食」，因為不但沒有效果，反而會使寶寶更加抗拒。他們很聰明，被強迫幾次之後就產生厭惡的心理，看到奶瓶或湯匙忙不迭地把頭扭開、嘴巴緊閉、發脾氣、哭鬧......，即使強行送入口中也不吞食，會讓奶流出來或把副食品吐掉。

厭奶或厭食的現象常常是暫時的，原因消除後食慾就會恢復，但如果寶寶對「吃」已經產生排斥心理，就有可能繼續拒食，不知情的父母因為焦慮更加千方百計想讓食物進入他們口中，這樣做會讓厭食逐漸演變成慢性問題，甚至引發親子大戰，絕對是得不償失的做法！

請記得寶寶的食慾只有他們自己知道，爸媽除了尊重每天、每餐自然的食量變化，遇到持續好幾天的厭食，若是原因不明應該請兒科醫師檢查一下，只要沒有生病就可以繼續觀察，千萬要按捺住自己的焦慮，嘗試餵食是可以的，但絕對要避免強迫。

有時候爸媽過於焦慮，醫師也會開一些「**開胃藥**」讓寶寶服用，這種藥是一種抗組織胺，剛好有促進食慾的作用，因為相對安全，試試看無妨，但它只有短期的效果，爸媽不要抱太大的期待或對它過度依賴。

每個寶寶天生的氣質不同，對副食品的接受程度也不盡相同，不少爸媽會因為餵食不順利而感到氣餒，只好繼續以奶為主食，或者只給他願意吃的幾樣食物，長久下來會導致營養不均衡，並影響咀嚼和吞嚥技巧的發展。到底孩子不肯吃該怎麼辦？對付挑食又有什麼妙招呢？

餵食前的評估

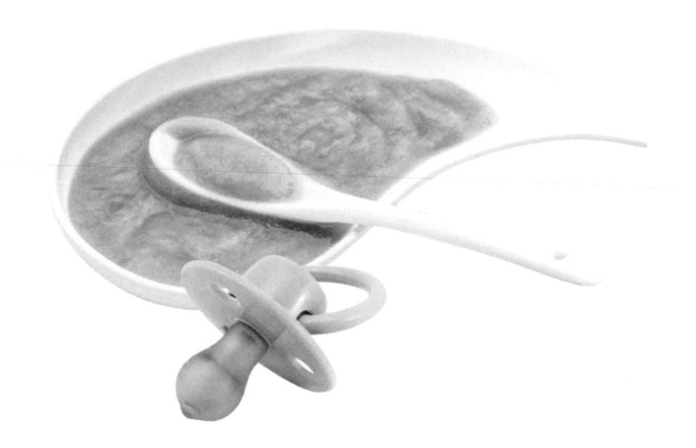

1 是否尚未準備好？

每個寶寶的發展進度不太一樣，若爸媽剛餵副食品的時候，食物一送進口內就被推出來，表示他的「**推出反射**」(請參考第 2 章) 還在，建議等一、兩週之後再嘗試，太過急躁會給親子雙方都帶來挫折感。如果寶寶對湯匙很陌生，也可以試著用奶嘴沾一點濃湯狀的食物，放進他嘴裡讓他吸吮，體驗一下食物的味道和質地，幾次之後再嘗試用小湯匙餵食。

2 是否已有食慾？

如果寶寶才吃過奶沒多久，應該還處於飽足的狀態，是不會有食慾的，所以餵副食可以選擇在餵奶前 1 個小時左右（例如 10 點要吃奶，可以 9 點餵副食），此時他已經餓了，又不會太餓，比較有耐心嘗試新食物；也可以在原訂的餵奶時間先餵一點奶，滿足部分食慾，再開始餵副食；後來要不要再餵奶？就看他吃了多少副食，吃得夠多不餵也沒關係。

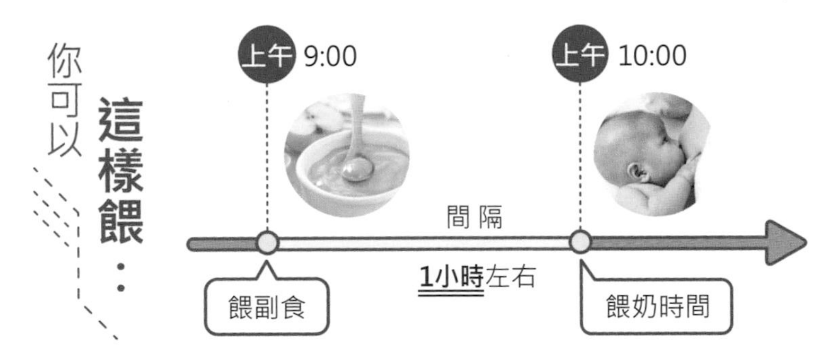

請爸媽特別注意，當寶寶不知道怎麼由湯匙上吃副食時，並不建議把食物放入奶瓶中讓他吸吮，雖然這樣做很方便，但餵副食的重要目的之一是學習咀嚼和吞嚥技巧，發展正常的寶寶沒有理由學不會，差異只在早一點或晚一點學會而已，爸媽需要的只是多一點耐心。

寶寶不肯吃、挑食，這樣試試看

1 媽媽本身不挑食，飲食多樣化

寶寶在胎兒期就從羊水嚐到媽媽吃的各種食物的味道，出生的時候味蕾已經很敏感了，從母乳裡也可以接觸到酸甜苦辣各種滋味，如果媽媽的飲食多樣化，對孩子將來接受各種食物會有很大的幫助。所以想要孩子不挑嘴，媽媽自己應該避免挑食，並儘量哺育母乳。

2 注意食物的質地是否適當

第 3 章最後我們已介紹過副食品的質地，由於每個寶寶咀嚼與吞嚥的發展速度不一，若能配合他們的發展階段循序漸進，也會增加接受度。

3 新食物必須多嘗試幾次

大部分爸媽採取的是「食海戰術」，今天試吃胡蘿蔔泥不成功，明天就換馬鈴薯泥，還是不吃，後天再換豆子泥......但是請爸媽想一想，每天換來換去接觸的始終都是「新」食物，根本沒有機會適應啊！醫學研究發現，讓寶寶接觸「同一種食物」愈多次，接受度就愈高，尤其蔬菜類普遍不易被接受，必須嘗試 8 ～ 10 次以上，真的還不成功，可以暫停，改試同一類的他種食物。

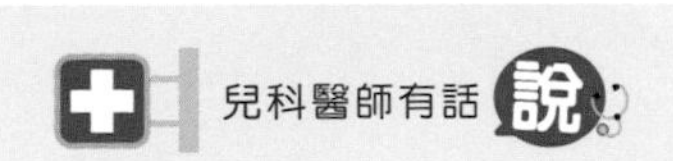

雖然「多嘗試」是餵食成功的不二法門，但孩子不肯吃某一種食物，爸媽不需要太過執著，只要繼續嘗試「同類的食物」即可（例如蔬菜類的菠菜不吃，試試花椰菜或地瓜葉；蛋白質類的蛋不吃，試試豆腐或魚），總有幾樣他會願意吃的，把握涵蓋五大類食物（蔬菜類、水果類、穀類、蛋白質類和奶類）的原則，就能達到營養均衡的目的。

❹ 新舊食物夾雜

每個寶寶對不曾吃過的食物接受程度有所不同，如果有排斥的現象，可以將少量新食物加在已經熟悉的舊食物中，由於味道的改變有限，也就不易察覺或抗拒，例如他不吃胡蘿蔔泥，但是豆子泥已經吃得滿好的，就在豆子泥中加入一點點胡蘿蔔泥，然後視接受程度慢慢增加胡蘿蔔泥的份量；另一種方式是先餵幾口熟悉的食物，中間夾一、兩匙新食物，在寶寶還來不及表示嫌惡的時候，趕緊再送上幾匙舊食物。

❺ 減少環境中易分心的事物

寶寶是非常容易分心的，如果開著電視，哥哥在旁邊玩耍、小狗在桌下穿梭，餵食的大人就要付出更多的心力。所以儘量讓環境單純一點，只由大人提供愉悅的互動，目標是在 15 ~ 20 分鐘內完成一頓餵食。

我讓寶寶嘗試新的副食品，他的臉卻皺在一起，表情好像很痛苦，是不喜歡吃嗎？該不該換成別種食物呢？

寶寶嚐到沒吃過的味道、質地，有反應是很正常的，也許只在表示「咦？這是什麼東西？」，並不一定是不喜歡，至於反應有多麼強烈跟寶寶天生的氣質會有些關聯。只要他願意吃，爸媽可以忽略他的反應繼續嘗試。

吃飽了嗎？教你看懂寶寶的肢體語言

只有寶寶知道自己的食慾，要如何知道他吃飽了呢？在 3 ～ 4 個月左右，「**原始反射**」會漸漸消失，「**自主動作**」開始出現，吃飽時會釋出「**我吃飽了**」、「**夠了**」、「**不想吃了**」的訊息。

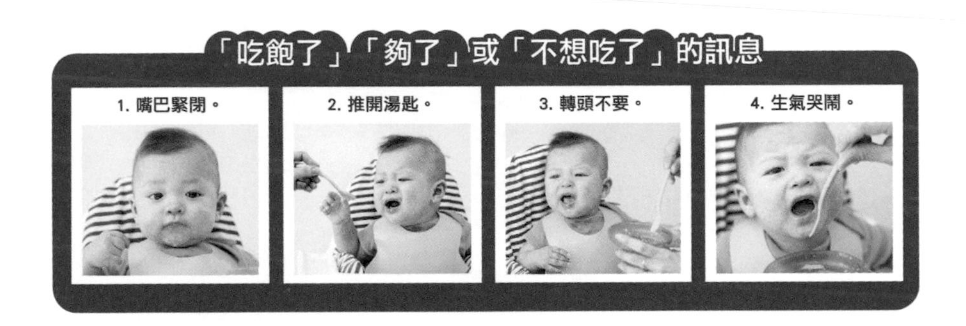

當寶寶有上述反應的時候，建議爸媽不用馬上停止，可以再嘗試看看，因為寶寶的耐心很短暫，有時候只是分心了，但如果連續 3 次出現這些訊息，那就表示他很可能真的已經吃飽了，不論食物還剩下多少，建議停止餵食，不要勉強。

在餵食過程中，孩子不盡然合作，爸媽難免因挫折而產生負面的情緒，但吃飯應該是件愉快的事情，而且要進行一輩子，寶寶如果在吃飯過程中受到責備甚至處罰，也許短期有一些效果，但他不可能會喜歡吃飯這件事，若把時間拉長，影響絕對是負面的。所以如果孩子不好好吃副食，請爸媽儘可能的淡化情緒反應，寧可停止餵食，也不要讓吃飯演變成一場親子戰爭。

超實用專題☆

寶寶能吃不能吃？幫你問清楚

當寶寶開始吃副食品，雖然什麼都可以試試看，還是有一些不能吃或是必須限量的食物，春嬌妹幫大家做了整理，趕快記下來吧！

寶寶多大要開始喝水？要喝多少水才夠呢？

母乳跟配方奶 88% 都是水分，6 個月以下的寶寶主食是奶，即使已經開始吃副食品，量也不多，水分是足夠的，額外補充水分可能還會占了部分胃容量而影響奶量，因此不建議喝水。

6 個月以後副食愈吃愈多，奶量會漸減，可以在餵副食的時候給寶寶一杯水鼓勵他喝，一方面也練習使用杯子，一天的總量大約等於一餐奶量即可。兩餐中間口渴的時候也可以給予少量，如果尿液量少又黃，尤其在天氣熱、流汗多的時候，可以多給 2 ~ 3 次。至於要喝多少？就由他自己決定吧！也強迫不得。

寶寶不愛喝水，可以給果汁嗎？要喝多少量呢？

喝太多果汁會導致肥胖、蛀牙、脹氣、腹瀉等後果，也容易養成「嗜甜」的習慣，壞處相當多。以營養價值來說，搾果汁的時候把果皮及部分果肉都去掉了，少了纖維質和其他營養成分，因此目前兒科醫師的建議是如果孩子需要額外的水分，提供開水最好；水果是必要的營養，但鼓勵吃整個水果。

美國兒科醫學會 2017 年公告的「幼兒果汁建議量」如下：

- **1 歲以下** 不建議給，恐怕會影響寶寶喝奶量。
- **1 歲～ 3 歲**

  餵副食品或點心時可以給，1 天純果汁量不超過 120CC，但睡前不要給，也不建議放進奶瓶，即使是用杯子也要避免讓孩子整天拿著遊走，不時喝上幾口，很容易蛀牙。

市面上的「水果飲料」果汁含量幾乎都不到 20%，甚至更少，其餘的都是糖分和其他添加物，熱量高營養價值卻很低，所以上述建議中的果汁都是指 100% 純果汁。

寶寶 1 歲前不能吃蜂蜜是為什麼？

蜂蜜中可能含有「肉毒桿菌」的孢子，雖然高溫煮沸可以殺死肉毒桿菌，但是殺不死它的「孢子」，小嬰兒的免疫系統及腸道菌叢尚未發展健全，孢子會在腸道中生長，產生毒素而造成中毒。

副食品不能加點鹽或調味料讓味道好吃點嗎？這樣寶寶才會更願意吃啊！

許多爸媽主觀地認為加一點鹽可以讓食物味道變好，寶寶會更捧場，但研究發現加鹽與否對他們的食慾其實並沒有什麼影響；反而太早吃鹹的食物，以後會比較「嗜鹹」，所以「嗜鹹」不像「嗜甜」是天生的，而是漸漸被飲食口味訓練出來的。因此建議 1 歲以前的副食品還是不要加鹽或調味品比較好，但如果真的很想加一點鹽，也不致有太大的影響。

1 歲以下寶寶不能喝鮮奶，那**優格、起司**這類全奶製品多大可以吃呢？

全奶的蛋白質及礦物質含量很高，而且鐵質、維生素 C 和其他營養素不足，不適合作為寶寶的主要食物，配方奶已經將全奶大幅改造過，使它儘量接近母乳的成分了。建議 1 歲以後再給他們喝鮮奶，但是少量嘗試全奶製品是沒有問題的，8 ~ 9 個月大左右就可以吃一點起司、優格或全奶做成的食物如布丁、蛋糕等。

兒科醫師有話

建議爸媽注意挑選經過「巴斯德消毒法」（Pasteurized）的產品，特別是起司，軟質起司是市面上比較可能出現未經此法消毒的產品。此外純母乳哺育的寶寶首次吃全奶製品時，還是要注意有無過敏反應喔！

我的寶寶看起來很會**咬嚼**，是不是什麼食物都可以吃了？

嬰兒就算「看起來」很會咬嚼，咀嚼技巧距「純熟」還有一段距離，容易被食物嗆到或噎到。根據美國的統計，60% 噎到的案例都是由食物造成的，3 歲以下的幼兒最容易發生，其中又以嬰兒的風險最高，嚴重的可能致死。

✪ 原因一：牙齒未長齊

基本上幫忙磨碎食物的臼齒要一歲半以後才會漸漸萌發，在這以前，寶寶已經可以用門牙切斷食物，但沒有臼齒幫忙磨碎，無法嚼得很細，吞嚥時還是可能會被噎到，因此雖然 1 歲後大部分的東西都可以吃了，還是要避免一些容易嗆到或噎到的食物；即使臼齒已萌發，整個咀嚼能力也起碼要 3 ~ 4 歲才逐漸趨於純熟。

✪ 原因二：氣道窄

嬰兒的氣道很窄，一旦被小東西堵住就會嚴重影響換氣功能，而且他們咳嗽力量不足，無法有效地將異物推出氣道，因此比大孩子及成人危險得多。

✪ 原因三：吞嚥協調不成熟

嬰兒的吞嚥協調雖然已經滿不錯的了，但還是不夠成熟，很容易被嗆到。

✪ 原因四：好動天性導致進食分心

好動是小朋友的天性，一面吃東西一面走動、跑、說話、大笑都會分心，增加嗆到和噎到的風險。最好從小訓練孩子，不論讓大人餵食或自己進食都坐在餐椅上，不吃了才讓他們下來。

4 歲以下兒童容易嗆到或噎到的食物

適當處理後才可以給孩子吃

熱狗、香腸、熟肉等不易咀嚼，要切得如指尖一樣大小，起司也一樣，因為在口中會融成一團。生、脆的蔬果像紅蘿蔔、西芹、蘋果、梨子等要煮軟切小丁或細條才能讓嬰兒抓著吃，香蕉雖然軟，不切小也會噎到。圓、滑的葡萄、小番茄必須切成 1/4 大小，藍莓切成一半，豌豆煮熟用湯匙壓扁，貢丸、魚丸必須切小。花生醬、堅果醬不要給一整團，塗在餅乾或麵包上是比較妥善的做法。

不可以給孩子吃

有一些質地堅硬、不易嚼爛或可能整口吞的食物則要避免給孩子吃。花生及堅果類不僅整粒的不行，連碎片都不宜。瓜子是指大人嗑的瓜子，水果裡的籽如芭樂籽、西瓜籽、葡萄籽、櫻桃核等，也請先剔除後再給孩子吃。

切小的
熱狗／香腸／其他熟肉
切小的
起 司
煮軟切小的
紅蘿蔔
煮軟或切小的
蘋果、梨子、香蕉
切小的
葡萄、小番茄、藍莓
煮熟壓扁的
豌 豆
切小的
貢丸、魚丸
塗在餅乾或麵包上的
花生醬／堅果醬
花生／堅果
瓜 子
硬糖果
POP
爆米花
口香糖
QQ軟糖
棉花糖
蒟蒻果凍

第7章

為什麼會過敏？
了解過敏與食物的關係

近年來衛生條件改善，醫藥進步，急性病大幅減少，但慢性疾病卻不斷攀升，「過敏」也是其一，成為很多爸媽的育兒難題。時常聽到很多懷孕婦女或正在哺乳的媽媽為了防止孩子過敏，刻意避免高過敏的食物，網路上也流傳應以「低過敏原食材」為寶寶調理副食，我聽了總不免擔心他們的營養能否均衡。

「過敏」是目前國內外都很熱門的醫學研究題目，新的資訊不斷出爐，爸媽要多留意知識的更新，才能幫助孩子跟過敏說NO喔！過敏涵蓋的範圍很廣，本章將為您簡介過敏疾病的成因，以及過敏和飲食相關的部分。

常見的過敏疾病有四種，下表是台灣近年發生於學童的盛行率。有的人不只有一種過敏疾病，會有兩種甚至兩種以上，其中有些會持續一生，相當惱人！這也是為什麼我們應該瞭解並預防它的原因。

★ 食物過敏因無台灣資料，表中所示為美國統計資料

爲什麼孩子會過敏？
原因很複雜

除了生活中存在的過敏原，還有遺傳與環境因素的互相影響

過敏疾病是免疫系統將一些原本是無害的物質（過敏原）誤判為對我們有潛在的威脅，而產生過度反應的結果。從居高不下的過敏盛行率來看，現代人似乎愈來愈趨向過敏體質，我們先來瞭解一下過敏複雜的成因，基本上「遺傳」和「環境」因素的影響是平分秋色的。

❶ 遺傳因素

遺傳體質是產生過敏的關鍵因素，父母或手足之一有前述四種常見過敏疾病中的一種，孩子就屬於「過敏高危險群」，其過敏疾病發生率請參考下表：

家族過敏史	過敏發生率
父母都無過敏	10～15%
父母或手足有一人過敏	30%
父母雙方過敏	40～60%
父母有相同過敏疾病	60～80%

❷ 環境因素

近 20 年過敏疾病大幅飆升，而遺傳體質是由基因決定的，不太可能在短期內大幅變動，因此推測可能跟環境中存在一些不利因素誘導了基因表現有很大的關係。

過敏反應是如何發生的？

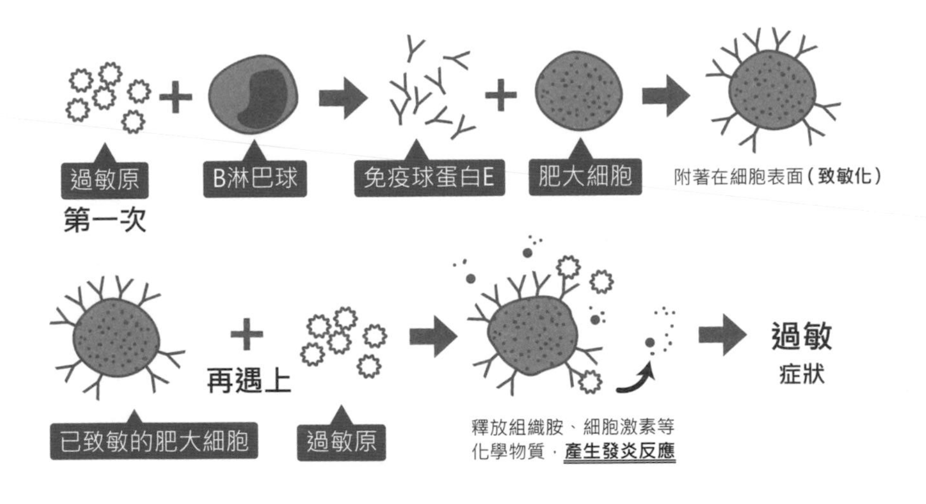

第一次進入人體的「外來過敏原」（塵蟎、花粉等）被免疫系統錯當成敵人，B淋巴球（負責製造抗體的免疫細胞）製造出大量的免疫球蛋白E（IgE）附著在肥大細胞表面，這個過程稱為「致敏化」。

日後只要遇上同一種過敏原，就會與肥大細胞表面的IgE結合，激化它把細胞內含化學物質（組織胺、細胞激素等）的顆粒釋放出細胞外，稱為「去顆粒化」，引發局部組織充血腫脹（發炎）、分泌物增加、搔癢等過敏症狀。

 過敏原

下面這些會引起過敏反應的無害物質稱為「過敏原」，大致可分為「吸入性過敏原」及「食物性過敏原」兩類，台灣常見的有：

吸入性過敏原

塵蟎　黴菌　蟑螂　寵物毛及皮屑　花粉

台灣最常見的過敏原（塵蟎）

食物性過敏原

牛奶・魚類　蛋・甲殼類 貝類　花生・大豆　堅果・小麥

外在刺激

一旦免疫細胞已經被致敏化，不見得一定要遇到過敏原，有一些外在的刺激也會引發過敏症狀。

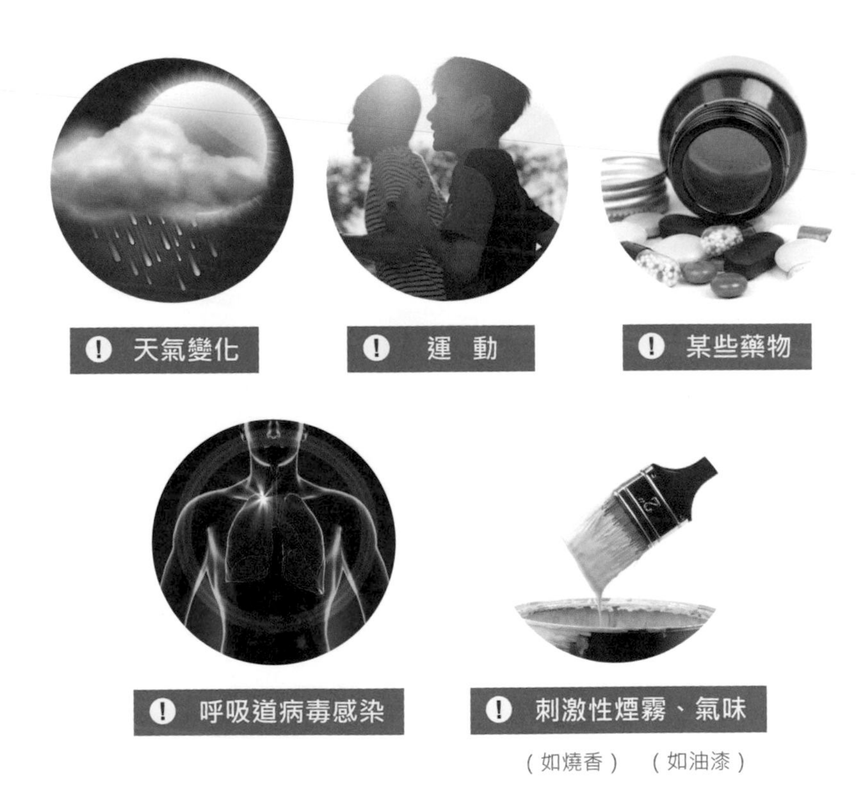

一張圖讓你看懂 過敏機轉

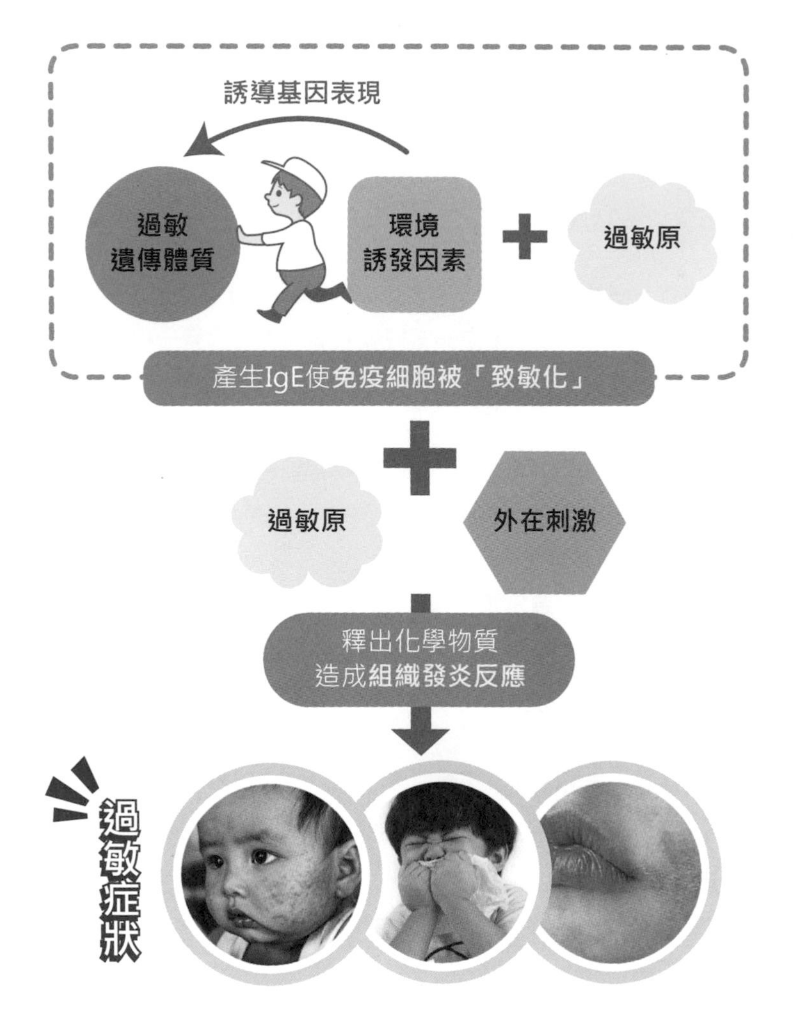

嘗試新食物時請注意
認識「食物過敏」

嬰幼兒的食物過敏，有些只是暫時的

食物過敏盛行率

食物過敏是對食物裡的過敏原（90% 是蛋白質）產生不正常或過度的免疫反應。父母或手足之一有過敏疾病或本身已有一種過敏疾病（主要是異位性皮膚炎）的寶寶，都是食物過敏的高危險群。

很多人都怕食物過敏，但其實盛行率並不高，大約是 4 ~ 8%，比其他三種過敏疾病少很多，而且往往會隨著年齡改善，3 ~ 5 歲之間有 85% 原本對牛奶、蛋、小麥、黃豆過敏的孩子會發展出「耐受性」，就是對這些食物不再過敏了，最慢在青春期之前會緩解；不過花生、堅果、海鮮的過敏繼續存在的機會比較高。

雖然盛行率並不高，但根據統計還在上升中。為什麼愈來愈多人有食物過敏？目前原因並不很清楚，推測可能與先進的食品加工技術、太早或太晚開始餵副食品、太乾淨的生活環境使免疫系統失調等都有關。

食物過敏如何發生？

同樣地，食物過敏原先致敏化，之後再吃到同樣的食物，就會引起過敏症狀，症狀產生的時間從幾分鐘到幾天內都有可能；幾分鐘到1小時內發生的稱為「急性」，以皮膚症狀最為常見，幾天後才發生的稱為「慢性」，以腸胃道發炎的症狀為主。

食物過敏有哪些症狀？

食物過敏可能的症狀：

皮　膚：紅腫、搔癢、急性蕁麻疹，異位性皮膚炎突然惡化

水　腫：包括臉頰、嘴唇、舌頭、喉嚨及眼皮

腸胃道：腹痛、腹瀉、嘔吐，甚至血便

嚴重者可能會在 15 分鐘內引發過敏性休克，有生命危險

▶ 呼吸困難　▶ 心跳急促　▶ 血壓下降、休克　▶ 失去意識

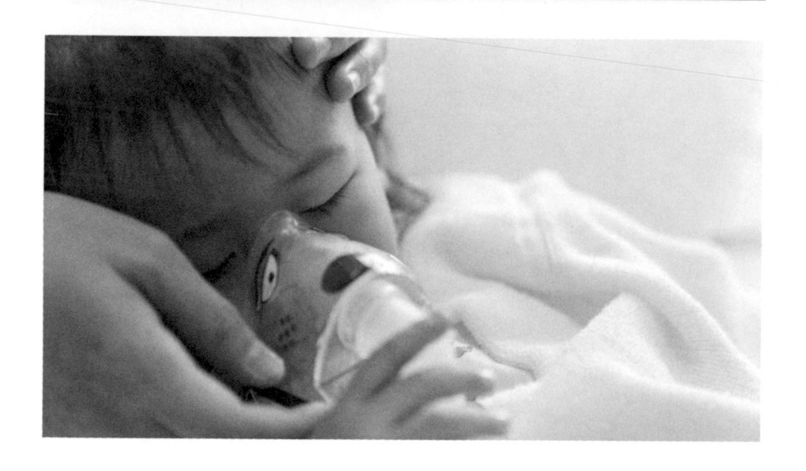

兒科醫師有話說

食物過敏不可輕忽，尤其急性過敏休克反應可能會致命，曾經發生過還會有再發的風險，家長千萬不可以看到孩子急救後恢復迅速便掉以輕心，務必與醫師配合做進一步的檢查確認引發過敏的食物，嚴防日後再吃到，必要時醫師會建議隨身攜帶腎上腺素以防萬一。

預防勝於治療
面對過敏不再如臨大敵

不同時期怎麼吃？

許多慢性病包括過敏都是一旦發病以後，就不容易治癒，只能暫時控制症狀，避免病情惡化，因此最好的方式就是在還沒發病前先採取預防措施。過敏的預防可以分成三級：

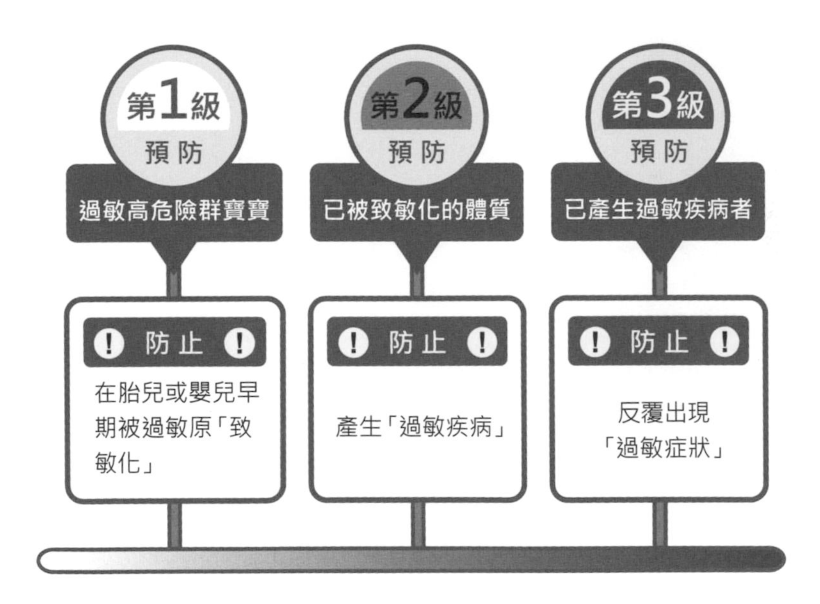

對於高過敏危險群的嬰兒而言，第一級的預防當然是最重要的，可惜過敏疾病的成因非常複雜，如何才能有效的防止致敏化？還需要更多的醫學研究才能下確切的結論，目前醫學界建議懷孕、哺乳和嬰兒期在「飲食方面」是這樣做的：

懷孕媽媽怎麼做？

不須避免任何食物，除非自己對某種食物過敏

腹中胎兒如果屬於過敏高危險群，媽媽在孕期中常常會避免吃高過敏食物，希望有預防作用，但醫學研究發現這樣做絕大部分沒有什麼幫助，太多的限制影響到營養均衡更是得不償失。近年來有一些研究初步發現母親懷孕時攝食高過敏食物，反而對嬰兒有保護作用，但還需要進一步證實。因此目前的建議是**除非媽媽本身對某種食物過敏，當然不得不避免，其他都應該跟懷孕前的飲食一樣，注意營養的足夠與均衡。**

家裡老大對牛奶蛋白過敏，懷老二的時候媽媽應該避免喝牛奶或吃奶製品嗎？

牛奶及奶製品是每天必須的食物，尤其奶製品無所不在，如果要完全避免的話，可能會影響到孕期的健康，同樣地，也不一定對這一胎有保護作用，因此實行前建議先向醫師諮詢，至少要有取代的營養方案。如果老大是對蝦子過敏，媽媽不吃蝦對健康影響有限，是沒有什麼不可以的，只不過不要抱太大的期望，不一定這樣就能降低這一胎蝦子過敏的機率，過敏成因很複雜，並不是單純的不吃某種食物就能避免。

哺乳媽媽怎麼做？

為減少寶寶過敏
的機率，努力餵母乳！

「純」母乳哺育對預防後代過敏有一些幫助，但大部分是暫時的。

純母乳哺育至 4 個月大，可減少 2 歲以下嬰幼兒發生 * 喘鳴、**異位性皮膚炎**和**牛奶過敏**的機率，可惜對以後才發生的氣喘、過敏性鼻炎和其他食物過敏並沒有明顯效果，

* 喘鳴並非真正的氣喘，嬰幼兒期的喘鳴大多是呼吸道感染引起的。

雖然母乳對過敏疾病只能提供部分和暫時性的保護，但它是目前唯一確定對過敏有幫助的寶寶食物，何況它還有許多其他的好處，絕對值得媽媽們努力哺餵至寶寶 6 個月大，甚至更久。

若無法純母乳哺育，寶寶又屬於過敏高危險群怎麼辦呢？可採用部分水解蛋白配方奶代替母奶，**對延遲或預防異位性皮膚炎可能有一部分效果**。

哺乳母親不須避免高過敏食物，除非自己過敏

跟懷孕期一樣，哺乳的媽媽除非自己對某種食物過敏，否則不需要為了預防寶寶過敏而刻意避免高過敏食物，除了兩種例外情況：

- 食物在**嬰兒期的異位性皮膚炎**可能扮演一部分觸發或加重症狀的角色，如果寶寶已經有症狀，而且不算輕微，醫師可能會請媽媽做飲食紀錄找出相關的食物，這時才不得不暫時避免。
- 寶寶有體重不增、嘔吐、腹瀉、甚至血便的症狀，有可能是**對母乳中的牛奶蛋白產生了過敏反應**，醫師也會請媽媽暫時避免牛奶製品，寶寶的症狀很快就會緩解。

嬰兒可以怎麼做？

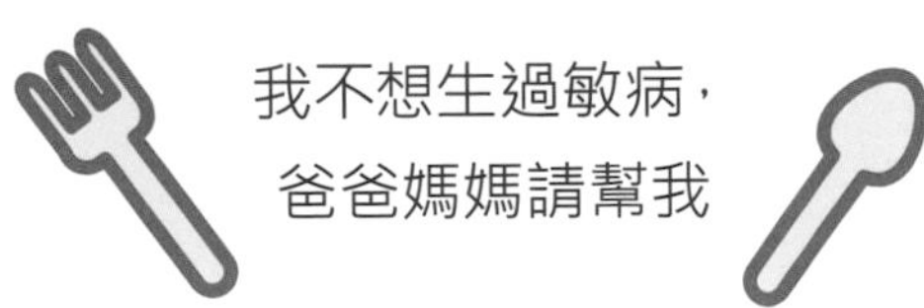

前4個月

以「純」母乳哺餵，若母乳不足或無法哺餵，可以部分水解蛋白配方奶取代一般配方奶。

4-6個月

開始添加副食品，並繼續哺餵母乳或水解蛋白配方奶。

不須避免高過敏食物

過去認為過敏高危險群的寶寶，6 個月前不應該添加副食品，高過敏的食物也應該晚一點給，例如奶類應延到 1 歲後，蛋 2 歲，花生、堅果 3 歲。然而實施近 10 年，食物過敏不減反增，因此 2008 年美國兒科醫學會發出聲明：「延遲至 6 個月後再餵副食以及避免高過敏食物無法預防過敏疾病的發生。」

即使延遲給予，食物過敏原還是會經由皮膚或呼吸道致敏化，而且在嬰兒期可能有一段「食物耐受免疫空窗期」，在這當中餵食高過敏的食物，寶寶的腸胃道會接受這種食物，反而可以降低過敏發生的機率。因此目前的建議是不限制副食品的種類，並提早至 4 ~ 6 個月間餵食。

兒科醫師有話說

雖然說不必因為怕過敏而延後給副食品，但必須注意食物過敏還是有可能發生，而且常常是在第一次吃的時候（食物過敏原已經由皮膚或呼吸道致敏化），所以**建議嘗試新食物時最好在家裡，而不是托嬰中心或餐廳。一次只添加一種新食物，由少量開始**，若有長紅疹、臉腫、嘔吐、腹瀉、咳嗽、哮喘、虛弱、蒼白等症狀，必須立刻暫停，情況嚴重時應該就醫；情況輕微可在 2 ～ 4 週後再次嘗試，由更少量開始，萬一又有症狀就不要再餵了，而且應該向兒科醫師諮詢。相反地，如果沒有異常反應，3 ～ 5 天後就可以再嘗試另一種新食物。

媽媽多攝取含 Omega-3 長鏈多元不飽和脂肪酸的食物，可以降低寶寶的過敏疾病嗎？

Omega-3 長鏈多元不飽和脂肪酸（主要是 DHA）對胎兒及嬰兒的眼睛、腦部發展都有好處，媽媽本身也可以減少心血管疾病的風險。由於人體並不會製造，魚的油脂是主要來源，因此懷孕及哺奶的婦女飲食中應該包括魚類。

近年來發現 DHA 跟過敏可能也有一些關聯，已有少數研究者想證實懷孕期間多補充是否能減少寶寶的過敏風險，但目前的研究證據還不足以下結論，況且魚肉被「汞」污染的風險也不容輕忽，因此雖然吃魚有好處，但並不建議懷孕及哺乳的婦女為了預防後代過敏而大量攝食過多的魚肉或魚油。可以選擇低汞含量的魚類，每週吃 1 ~ 2 次，每次大約吃 2 片手掌大小的魚肉。

媽媽或寶寶補充「益生菌」對降低過敏疾病有幫助嗎？

為何工業化帶來那麼多過敏疾病？有愈來愈多的證據顯示「腸道菌叢」也許扮演某種角色，有可能太過乾淨的環境、抗生素的使用、配方乳取代母乳等因素阻礙了新生兒發展出健康的腸道菌叢。很多相關的研究正在進行，初步的結果顯示益生菌中的鼠李糖乳桿菌GG株（簡稱LGG）對減少嬰兒異位性皮膚炎可能有幫助，但對過敏性鼻炎、氣喘和食物過敏無效，確切的結論還需要更多的探討，因此醫學界目前對是否補充益生菌的建議是：

懷孕或哺乳婦女

醫師並不鼓勵懷孕或哺乳的媽媽為預防寶寶過敏而補充益生菌，因為效果仍存疑，但如果寶寶屬於高危險群，媽媽想嘗試看看，醫師也不會阻止，一方面它「說不定」會有一些幫助，另一方面服用的風險很低。服用前請記得向醫師諮詢。

嬰兒

母乳中含有母親腸道的益生菌及促進益生菌生長的寡糖（益菌生），可以幫助寶寶發展出自體的菌叢，所以餵母乳是強健寶寶腸道菌叢最好的方式。

美國食品藥品管理局（FDA）已經准許嬰兒配方奶中添加益生菌，但台灣的規定是較大嬰兒配方（6個月以上）才可以添加。大部分生產嬰兒配方奶的品牌也開始提供添加寡糖的產品，例如乳寡糖、果寡糖及聚糊精，理論上它們也像母奶中的寡糖一樣，不會被小腸消化，到達大腸後會促進益生菌生長，但實際上會不會有類似母奶寡糖的效果卻不得而知。

如果寶寶屬於過敏高危險群，爸媽想自行購買益生菌讓他服用可以嗎？大致上沒問題，但還是建議先向醫師諮詢後再行動，尤其是早產兒或有免疫不全疾病的寶寶。

第8章

小時候胖不是胖？
別再執著養出小胖子

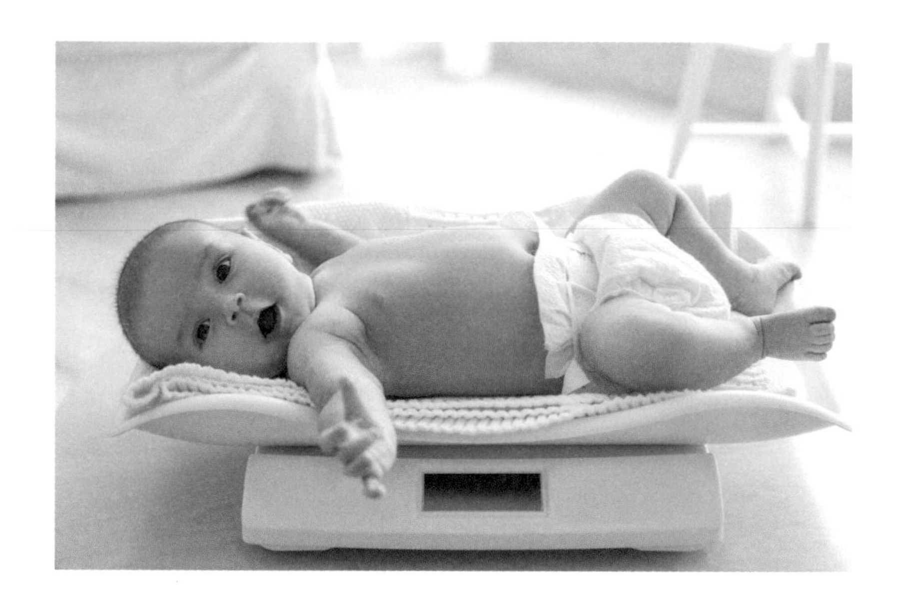

國人一直以來的觀念都是「胖嘟嘟才可愛」，甚至「胖嘟嘟才健康」，雖然近年來大家開始意識到肥胖對健康不利，但仍然有很多爸媽或長輩執著於「小時候胖不是胖，長大抽高自然就瘦了」的想法，但是真的是這樣嗎？醫學研究發現這些都是非常錯誤的觀念，任何年齡的肥胖都會增加「終生」肥胖的風險，連嬰兒也不例外！

爸媽請注意
肥胖壞處多

身體不健康，心理也生病

一般人最在意的是肥胖的體態會招致他人異樣的眼光，導致人際關係不良和自尊心低落等，這的確是值得重視的問題，研究發現肥胖的小學生經常受到歧視、排擠甚至霸凌，青春期的時候更影響到同儕關係和自我形象，尤以女孩為甚，長期追蹤 16 ~ 24 歲時曾經肥胖的女性，發現她們往後受教育、工作、婚姻的狀況都不如不胖的同齡女孩，焦慮和憂鬱的機率也比較高，可見影響相當長遠。

除了心理社會層面，肥胖會引起許多慢性疾病，其中有不少在兒童期即開始發病，例如高血壓、高血脂、動脈硬化、脂肪肝、膽結石、換氣過低症候群、骨折、阻塞性睡眠呼吸中止症候群、顱內壓上升及皮膚問題等，其他的在青春期也陸續出現，不但降低了生活品質，也會縮短壽命。

- 第二型糖尿病
- 新陳代謝症候群
- 男性荷爾蒙過高症

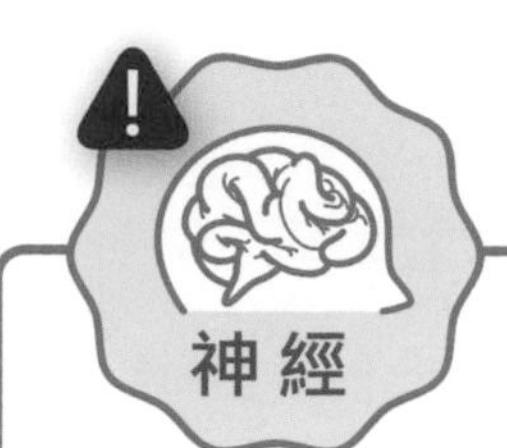

- 顱內壓上升

- 脂肪肝
- 膽結石

- 換氣過低症候群
- 打呼
- 阻塞性睡眠呼吸中止症候群

- 骨折
- 髖關節脫臼
- O型腿

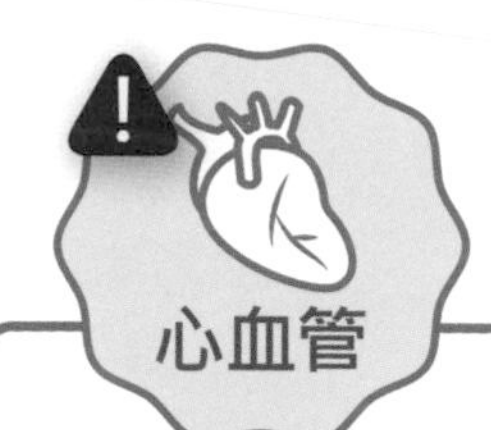

- 冠狀動脈心臟病
- 動脈硬化
- 高血壓
- 高血脂

- 對磨疹、癤病、化膿性汗腺炎
- 黑色棘皮症、皮膚擴張紋

你的寶寶過重或肥胖嗎？標準這樣看

大人小孩標準不一樣

大人是否「過重」或「肥胖」是從 BMI（Body Mass Index，身體質量指數）來判斷，算法為 BMI = 體重（kg）/ 身高（m）× 身高（m），成人的健康體位 BMI 在 18.5 至 24 之間，24 ~ 27 為「過重」，27 以上為「肥胖」，但 18 歲以下有些不同：

2～18歲

2 ~ 18 歲也是採用 BMI，但判讀標準必須參考衛福部公布之「兒童與青少年生長身體質量指數（BMI）建議值」。

https://obesity.hpa.gov.tw/TC/BMIproposal.aspx

2歲以下

上述衛福部建議值中，雖然也有 2 歲以下嬰幼兒的 BMI，但目前世界趨勢是採用「體重與身長相對指數」（weight-for-length），由於國內缺乏統計資料，可以參考世界衛生組織 WHO 的兒童生長指標（兒童健康手冊中 0 ~ 5 歲的生長曲線同樣也是來自 WHO）。請至下面的網頁輸入寶寶的身高體重，就會得到百分位（percentile）數值，85 ~ 95 百分位算是過重，95 百分位以上是肥胖。

http://www.infantchart.com/infantweightlength.php

小時候胖不是胖？研究數據看真相

小時後胖，長大常常也是胖

肥胖的盛行率隨著年齡愈來愈高，學齡前兒童大約 10% 左右，小學生增加到 15%，青春期已達 20%，如果再加上「超重」的族群更是囊括了大約 1/3 的小學生、青少年和成人，非常驚人！

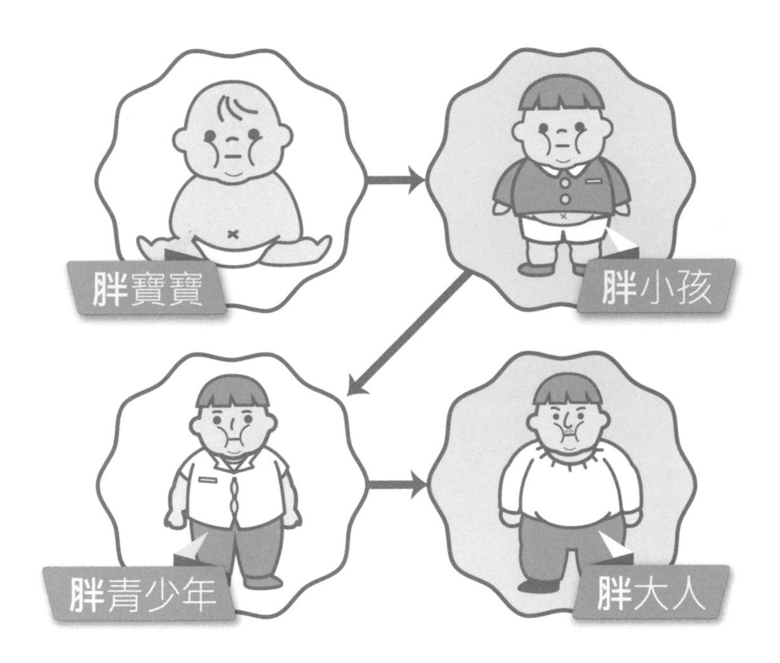

肥胖持續的機率很高，並不像一般人所想「長大抽高就不胖了」，5 ~ 6 歲時超重的孩子，到了青春期時肥胖的機率常是體重正常孩子的 4 倍，而肥胖的青少年有一半至 2/3 會成為肥胖的成人。肥胖程度愈嚴重愈容易持續，如果加上父母之一也是肥胖，機率就更高了。

過去的研究比較集中在兒童和青少年，近幾年醫學界開始重視嬰幼兒的肥胖，令人驚訝的是，追蹤結果發現過重的嬰兒，尤其是前 6 個月體重增加太快的，日後肥胖的風險同樣會大幅增加；而過去認為純母奶哺育的好處之一是可以預防肥胖，最近荷蘭做的研究顯示 6 個月大時超重的寶寶，不論餵母奶或配方奶，6 歲大時超重的機率都是體重正常寶寶的 4 倍，可見哺育母乳也並不見得就能避免肥胖。

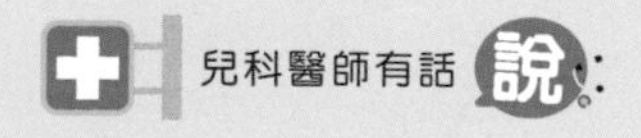

門診中遇到超重或肥胖的嬰兒時，醫師通常會提醒父母注意，還會進一步瞭解餵食量及內容，以評斷是否攝取了過多的營養，以及父母或家族中是否有人肥胖等，除了少數家長會表示憂心，絕大部分的父母還是受到「小時候胖不是胖」的錯誤觀念影響並不太在意，長輩更會說：「我們這個只是『沆拎』（台語：嬰兒肥的意思）一點而已。」肥胖跟很多慢性病一樣都是肇因於嬰兒期，甚至胚胎期，因此預防工作必須愈早開始愈好，飲食習慣和生活型態的改變等減重措施，年齡愈大將愈不容易進行。

導致肥胖的原因 主要來自遺傳及環境

肥胖原因多，媽媽從妊娠期就要開始注意囉！

肥胖只有少數是由於內分泌疾病、下視丘病變、代謝症候群等引起的，絕大部分來自「遺傳」和「環境」因素的相互影響，而胚胎期和嬰幼兒期的環境及營養因素恐怕也扮演著關鍵的角色：

遺傳因素

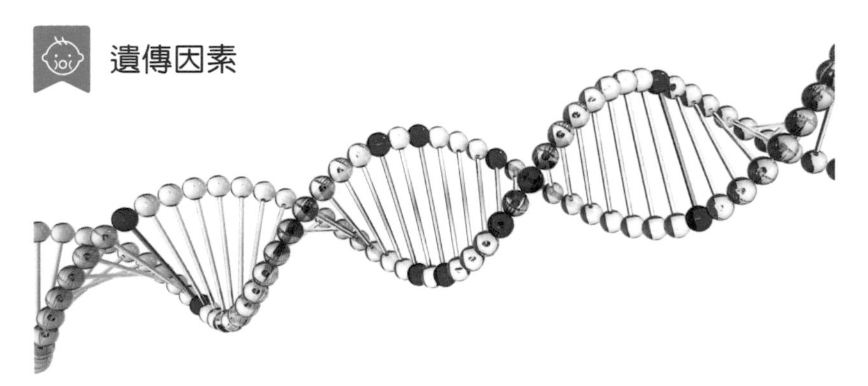

肥胖是會遺傳的，除了少數單基因缺陷會造成極度嚴重的肥胖，以及染色體異常引起的某些症候群（例如小胖威利症）以肥胖為表現症狀之一，大多數一般人的肥胖與多個基因有關，根據不同的研究，遺傳的影響可達 40 ~ 70% 之多；但有遺傳體質並不一定就會肥胖，只會讓人處在「致胖」環境下比沒有遺傳體質的人更容易堆積脂肪，因此父母親若肥胖，必須更加注意子女從小的飲食習慣及生活型態。

環境因素

遺傳因素固然重要，環境的影響更大，幾乎所有超重或肥胖的孩子都攝取了超過身體所需的熱量，或每天的活動量不足，或兩者都有。遺傳體質難改，但環境因素是可以改變的，因此無論預防或治療肥胖都聚焦在這方面，而且大部分研究發現，改善飲食習慣和生活型態的確是有效果的。

睡眠不足

很多的研究都顯示睡眠時數不足是肥胖的原因之一，小孩、成人都一樣，可能跟調節食慾的荷爾蒙瘦素（leptin）及類生長激素（ghrelin）的分泌改變有關，另一方面不睡覺也增加了吃東西的機會。

加糖飲料、速食文化盛行

在台灣三步一家飲料店，五步一家超商，孩子很難抗拒加糖飲料，一杯飲料提供的熱量大約是 250 卡上下，幾乎已占了每天熱量需求的 15%，再加上花樣繁多、口味誘人的糖果、甜點，糖分攝取很容易就超出一天 25 克的建議量，總熱量也常常超標。美式速食高油脂、大份量，也讓趨之若鶩的孩子吃進不少垃圾食物。

運動量不夠，休閒時間被電視、電動所取代

現在的孩子幾乎都被課業綁在室內，甚至學校的體育課也常常被犧牲掉了，下課後又忙才藝班、安親班，運動的機會也不多；3C 產品普及之後，僅有的休閒時間又被電視、電動取代，靜態的生活型態消耗的熱量有限，加上看電視時又常常手上一包零食，若是邊看邊吃飯更糟糕，因為很容易忽略飽足感，不知不覺吃進過多的食物，不胖也難！

其他環境因素

部分研究發現腸內菌叢、毒素和病毒感染可能也跟肥胖有關，但目前為止都沒有確切的結論。

代謝程式設計（Metabolic programming）

愈來愈多關於肥胖的研究證據顯示在母親的妊娠期或嬰幼兒時期，環境和營養的因素可能非常具有關鍵性，也就是說這時候的影響會讓孩子「終生」都容易肥胖。已知母親懷孕前體重過重、孕期體重增加過多或相反的不足、母親抽菸、妊娠期糖尿病、子癇前症都會增加子女的肥胖風險。寶寶出生時體重超重、體重過輕或早產，以後肥胖的機會較高。寶寶出生後6個月內體重快速增加，或幼兒期就已經超重了，此後的兒童、青少年、成人期都比較容易肥胖。因此目前關於肥胖的預防時程已經提早到懷孕期及嬰幼兒期了！

抗拒肥胖一起來 爸媽請這樣做

及早預防肥胖，守護寶貝健康

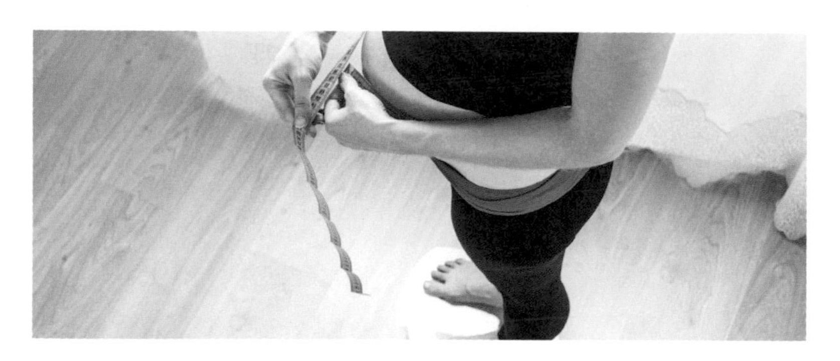

寶寶出生前

由於代謝程式設計在胚胎期就已經啟動了，媽媽們必須及早行動：

★ 懷孕前儘量控制體重在正常範圍內

★ 孕期不抽菸

★ 孕期的體重增加不宜過多或過少

請參考媽媽手冊內的建議。萬一懷孕時媽媽已經過重或肥胖，產前檢查時更要與醫師討論如何控制體重。

★ 積極治療妊娠期糖尿病、子癇前症等

雖然妊娠期糖尿病、子癇前症即使接受治療仍然不能降低子女的肥胖風險，還是必須做以減少其他併發症，並在寶寶出生後與兒科醫師合作，確實監控他們的生長狀況。

寶寶出生後

養成健康的飲食習慣

爸媽如果能幫助孩子從小養成健康的飲食習慣，他們將來受到肥胖威脅的機會就會減少，但前提是自己必須先擁有正確的飲食觀念，孩子才能受到潛移默化，逐漸讓好習慣生根。

★ 不要勉強孩子吃光光

「吃東西不知自我節制」是易胖的習慣之一，尤其現在是食物過剩而不是缺乏的時代了，因此從嬰兒時起，就不要勉強寶寶把奶瓶裡的奶都喝光光，只要有飽足的現象就可以停止餵奶。同樣地，也不用把準備好的副食品全部餵完，剩幾口寧可不要了。幼兒如果已經會自己吃飯，每次給他少量就好，不夠再給，避免給一定的份量規定他吃光光，這樣孩子才能學會吃飽了就停止。

★ 固定點心時間，並選擇有營養的食物作為點心

幼兒因為胃容量小，三餐之外常常還會有 2 ～ 3 次點心，很多人誤以為點心就是甜點、零食或飲料，這是非常錯誤的觀念（請參考第 4 章的說明）。

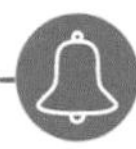

人天生嗜甜，甜食對任何年齡的人都具有強烈的吸引力，零食中除了具甜味的，鹹、酥、脆的零食也很吸引人，比正餐的誘惑力大得多。1 歲以前媽媽做副食品會刻意不添加調味品，餅乾也多會選擇嬰兒米餅，甜點也許會讓寶寶舔一兩口稍微體驗一下，就算喜歡他們也不會追著大人要，但 1 歲以後很多幼兒卻開始愛上甜食、零食或飲料，為什麼？

1. 爸媽覺得這些東西幼兒也可以吃，會讓他們有更多機會嘗試。
2. 幼兒的食量小又挑食，爸媽始終擔心他們營養不夠或不均衡，只要肯吃，不管吃的是什麼總覺得比不吃好。
3. 這些食物具吸引力，爸媽很容易用來當作好行為的獎勵。
4. 幼兒對環境的掌控能力增加了，爸媽或兄姊吃的時候很難避開他，或忽視他的要求。

既成的習慣很容易持續下去，以後要改變也不容易，因此父母有責任以身作則，不讓甜點、零食或飲料隨時出現在家裡，只有在節慶、假日或其他特殊狀況時才允許孩子額外吃一些，份量也必須有所限制，特別要避免把這些食物當作好行為的獎勵。

★ 限制果汁量

鼓勵孩子多吃全水果，少喝果汁，醫學界的最新建議是 1 歲前不建議喝果汁，1 ~ 2 歲也限制一天不超過 120CC，因為果汁的糖分太高、纖維質少，也少了一部分果肉的營養。

★ 全家一起吃飯，並把電視關掉

邊看電視邊吃會吃得比較多，因此從吃副食品開始，就把寶寶的餐椅放在餐桌旁邊，讓他們習慣日後進食的環境；學會自己吃飯以後，更要鼓勵他們在餐桌上跟家人一起共享愉快的用餐時光。

養成多動的好習慣

同樣地，父母也需要以身作則，從小幫孩子養成好習慣。

★ 限制看電視、用 3C 產品的時間

美國兒科醫學會建議 2 歲前的嬰幼兒不看電視、不接觸 3C 產品，除了會影響幼兒的學習和語言發展，另一目的是鼓勵更多的親子活動時間。這對父母恐怕是滿大的挑戰，因為成人也習慣成天盯著手機或螢幕，但為了孩子一生的健康還是值得努力，對父母自己的健康也會有好處。

★ 鼓勵例行的體能活動

嬰幼兒還不適合任何運動項目，但可以每天有一定的親子活動時間，室內活動例如唱遊、在音樂伴奏下跳舞、簡單的體能遊戲等，室外活動例如全家去一起去公園散步、跑跳、玩球、溜滑梯等。幼兒非常喜歡「常規」，習慣之後爸媽偶而想偷懶他們還會提醒呢！

睡眠充足

從嬰兒期就開始建立一定的「就寢儀式」，鼓勵他們每天在合理的時間上床睡覺，因為孩子愈大會愈愛玩、不肯上床，而愈晚上床就愈不容易得到充足的睡眠，趁嬰兒期起就建立好習慣比以後再矯正容易得多。

我並不想給孩子吃很多甜食或零食，可是孩子會吵著要，給他其他食物當點心他會拒絕或哭鬧怎麼辦？

如果家裡沒有庫存（至少沒有幼兒知道的庫存）比較好辦，這麼小還不知道可以去外面買，簡單的跟他說：「我們家沒有糖果。」然後拿出兩樣健康點心讓他挑選，讓他感覺有主導權，如果他真的餓應該會吃，不吃也沒關係，餓一餓不要緊的，等到下一餐再給他食物。

萬一寶寶體重過重或已經到肥胖的程度，需要幫他們減重嗎？

快速成長中的嬰幼兒營養需求大，減重會有雙面刃的顧慮，因此兒科醫師通常只跟父母檢討寶寶飲食的內容與份量，將不適當的或過多的食物減少，例如以水果取代果汁、戒斷夜奶習慣等，儘量避免讓他們處於「致胖」的環境中，並且持續追蹤。

大考驗
寶寶腸胃出狀況怎麼吃？

寶寶腸胃出狀況 該吃什麼呢？

不論吃進什麼食物，都要經由腸胃消化吸收，一旦寶寶腸胃生病了，爸媽對於該吃什麼或不該吃什麼往往感到困惑。腹瀉和便祕是嬰幼兒最常見腸胃症狀，除了聽從醫生的指示服藥外，居家照護還能怎麼做才能減輕不適、幫助復原？快把飲食攻略學起來，面對腸胃疾病，爸媽不再心慌慌！

打破 **腹瀉飲食** 迷思 寶寶應該這樣吃

補充水分最重要，吃對飲食復原快

- ☑ **次數：** 增多
- ☑ **稠度：** 變得稀、水或出現黏液

腹瀉的定義在 1 歲以下的嬰兒是指次數增加為平日的 2 倍或以上，在幼兒及兒童是指一天 3 次或 3 次以上。簡單說如果寶寶的大便突然變得比平日稀、水，伴隨著次數增加和一些不舒服的現象如發燒、吵鬧、食慾不振等，應該就是腹瀉了；大便裡如果明顯的出現黏液，甚至有血絲，也屬於腹瀉現象。

觀念釐清　腹瀉都是「飲食」惹的禍？

在孩子成長的過程中，幾乎免不了會發生腹瀉，為什麼會腹瀉？幾乎每個人的直覺都是責怪「飲食」，懷疑是不是「吃壞了肚子」。其實腹瀉只是一個症狀，背後的病因很多，其中最常見的是「病毒感染」（**例如輪狀病毒、諾羅病毒**），其他的原因包括細菌感染、使用抗生素的副作用、寄生蟲感染等。「吃壞肚子」只說對了一部分，的確有些病原菌是潛藏在飲水及食物中的，但「大便→手→口傳染」是更常見的途徑。嬰幼兒抵抗力比較低，衛生習慣又不好，因此腹瀉的機會比大孩子和成人都多，所以為了避免腹瀉，**養成良好的衛生習慣和勤洗手非常重要**。

健康拉警報
別輕忽寶寶腹瀉

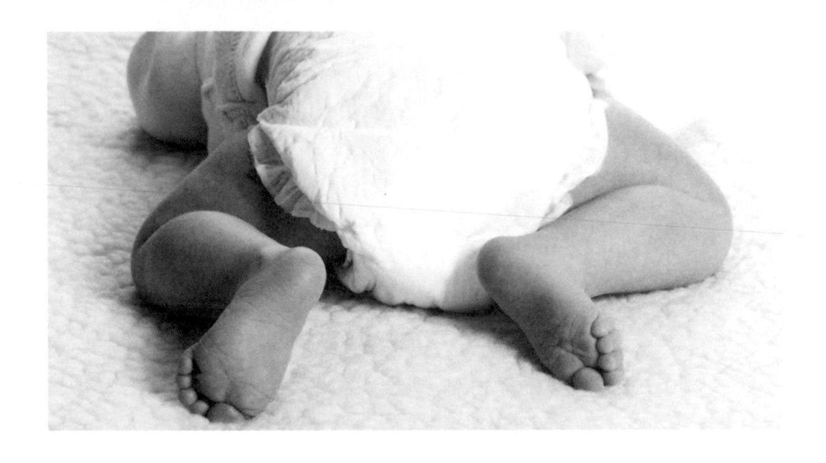

不論是何種原因引起腹瀉，對健康的影響其實是類似的，就是腸黏膜細胞受到破壞，以致水分和電解質（鈉、鉀等）流失，食物的消化和營養吸收效率也會減低。

絕大部分的腹瀉是「**病毒性腸胃炎**」的症狀，病毒對身體的免疫系統來說，並不是什麼了不起的敵人，大人只要 2 ～ 4 天病程就結束了，但嬰幼兒卻因為免疫系統和腸胃還沒有完全成熟，需要一週左右（最慢兩週）才會完全康復。由於時間上拖得比較久，腹瀉的次數又比大人多，加上他們身體內水分的含量原本就多，因此脫水和電解質不平衡的現象特別容易出現，影響身體的新陳代謝和血液循環，嚴重的甚至會危及生命，因此**爸媽可不能輕忽寶寶腹瀉**！

腹瀉之後怎麼吃？把握飲食雙原則

原則一：補充水分及電解質

在寶寶尚未戰勝病毒前，因為沒有任何神奇的藥物可以立即止瀉，治療上只能採取「支持性」療法，主要的目標是不要讓他們在病程中脫水，因此最重要的就是**早一點開始補充水分和電解質**。

「**口服電解質液**」是最佳補充液體，內含適量的葡萄糖及電解質，一般藥局都可以買得到，家長可以自行給予＊**輕度脫水**的寶寶，鼓勵他們當成開水喝（不宜稀釋），不吃奶瓶的可以用杯子、湯匙或滴管餵，採少量、多次的方式（每1～2分鐘給予1茶匙=5CC）。但如果持續腹瀉，建議還是應該帶給兒科醫師診察，尤其是因為嘔吐喝不進電解質液、拒絕喝，或已經出現＊**中、重度脫水**症狀的寶寶，應該立刻就醫。

可以自己泡鹽水或用運動飲料代替「口服電解質液」嗎？

市面上賣的「口服電解質液」有一定的配方，吸收最好，而且含適量的糖分不致使腹瀉惡化，自行調製不容易做到這麼精確，因此不建議家長自行在家配製鹽水。至於運動飲料，本身電解質含量就不高，為了口感也常添加不少的糖分，可能使腹瀉惡化，加劇脫水情況，因此不建議當作脫水時的補充液。

有些家長會將運動飲料以開水稀釋一倍再讓寶寶喝，甚至有些醫師也會這樣建議，主要的目的是降低糖分，輕度脫水的寶寶如果不肯喝口服電解質液（有點鹹味）或手頭上沒有，可以試用看看。有研究指出用稀釋一倍的蘋果汁代替電解質液也有不錯的效果，所以只要寶寶肯喝，任何清澈、不太甜的液體都可以嘗試，因為**水分的補充最重要**。

平常可以喝口服電解質液當作保養嗎？聽說發燒也需要補充？

電解質液補充時機：
腹瀉或嘔吐致體液大量流失時

電解質液並不是「有喝有保佑」，平常身體並沒有損失的時候，並不需要額外補充，食物裡就有足夠的電解質，只有在腹瀉或嘔吐時才需要特別補充。發燒需要補充電解質嗎？發燒會使出汗增加，但由汗液所損失的電解質很少，並不需要特別補充，喝水就可以了。

原則二：儘量維持正常飲食

很多人都認為腹瀉的時候腸子處於損傷狀態，食物應儘量清淡以利吸收消化，因此對腹瀉寶寶的飲食很保守，母乳不敢餵，配方奶泡得淡淡的，副食品也只給清淡的白吐司、白稀飯，但這種做法在醫學上已經證實是錯誤的！

【喝奶的寶寶】

寶寶腹瀉了，母乳還可不可以餵？

當然可以。如果停止餵母乳，寶寶的水分和營養來源都會不足，也就沒有足夠的體力與免疫力去對抗病菌，所以應該繼續哺餵，甚至只要寶寶肯吃，母奶 90% 都是水，可以比平常多餵一兩次以補充損失的水分。

配方奶呢？應該泡成半奶嗎？

並沒有科學證據顯示泡成半奶（或其他稀釋比例）對復原比較有利，反而會使寶寶攝取的營養減低，影響復原。因此若腹瀉不嚴重，脫水程度輕微，不用停配方奶，也不需要泡淡，絕大部分的寶寶腸胃都可以接受。中、重度脫水則應先經過醫師評估再決定如何哺餵，基本上會先補充水分和電解質，補充夠了就可以恢復餵奶。

【吃副食的寶寶】

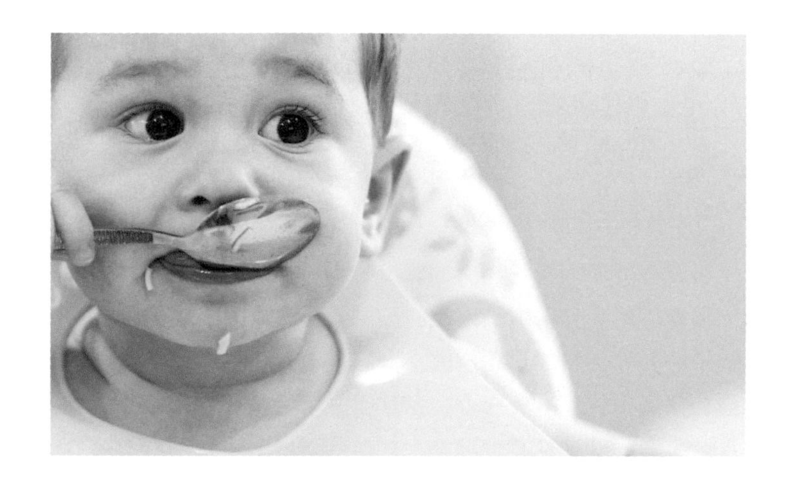

如果寶寶已經在吃副食品了，在飲食上有沒有什麼禁忌呢？

醫學研究發現即使腸子被病菌感染，也不代表它會完全罷工，只是消化吸收的效率會比平常降低一些，像是碳水化合物可以吸收8成，只有2成會隨著腹瀉排出；蛋白質、脂肪可以吸收5成，有一半會被排出，至少都比不吃來得好。白吐司、白稀飯沒有味道，很難引起寶寶食慾，營養價值也很低，不利身體復原。

兒科醫師建議輕度脫水的寶寶飲食可以照常，中、重度脫水等水分補足了，就應該儘快恢復正常飲食。食物的選擇以複合澱粉類（飯、麵、麵包、馬鈴薯等）、瘦肉、無糖優酪乳、蔬菜及水果較好，太油的食物應暫時避免，太甜的食物例如果汁、飲料會增加滲透壓使腹瀉加劇，也不適合在腹瀉時飲用。

聽說配方奶的主要糖分是乳糖，而腸炎時消化乳糖的能力會降低，那麼是不是應該換成「醫瀉奶粉」呢？

當寶寶罹患病毒性腸炎的時候，小腸黏膜的絨毛受到損害，暫時無法製造消化乳糖的「乳糖酶」，配方奶中的乳糖無法被消化，進入大腸後被細菌發酵產生酸和氫氣，可能會使腹瀉症狀加重。所謂「醫瀉奶粉」就是把乳糖換成其他醣類，有黃豆蛋白和牛奶蛋白配方兩種，既然不含乳糖就沒有乳糖不能被消化的問題。

不過絕大部分得到腸炎的嬰幼兒症狀都屬輕微，乳糖酶雖然減少但不致完全缺乏，不換奶也不會有什麼問題，換奶反而增加麻煩。只有不滿三個月大或是在生病前營養狀況就不甚理想的寶寶，或者症狀嚴重到需要住院，醫師就會建議暫時換成「醫瀉奶粉」以幫助病情改善。如果家長不嫌換奶麻煩，想暫時換成「醫瀉奶粉」也沒有什麼不可以。

寶寶腹瀉一直沒有好轉，是因為「繼發性乳糖不耐症」嗎？該怎麼解決呢？

寶寶腹瀉後，有時會伴隨著「繼發性乳糖不耐症」，簡單說就是小腸黏膜的絨毛製造乳糖酶的能力恢復較慢，以致腸炎已經好了，腹瀉卻繼續的狀況。一般腸炎的病程約 7 ～ 10 天，最慢兩週就會康復，因此若兩週後寶寶還在腹瀉，醫師就會懷疑有「繼發性乳糖不耐症」，此時最好的解決方法就是換吃不含乳糖的「醫瀉奶粉」，症狀會立即緩解，一個月後再漸漸換回原來的配方奶，如果乳糖酶製造能力已恢復，寶寶就不會再有腹瀉狀況產生了。

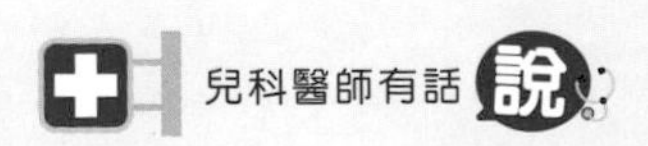

很多媽媽都對於「換奶」有所疑慮，怕一次換過去寶寶的腸胃無法適應，其實配方奶的成分差異不大，可以直接換過去，尤其在確定有「**繼發性乳糖不耐症**」的情況下，應該趕快不再讓寶寶接觸乳糖比較好。

聽說腹瀉的時候吃益生菌有幫助，是真的嗎？

醫學研究確實發現在病毒性腸炎「初期」就投予益生菌可以縮短腹瀉的病程（大約 12 ~ 30 小時），以鼠李糖乳酸桿菌（Lactobacillus rhamnosus）及布拉酵母菌（Saccharomyces boulardii）效果比較明顯，因此家長想要給寶寶服用是可以的，醫師也常會處方，但別預期對病情會有太大的幫助。

寶寶便便卡關了嗎？用對方法，解除便祕危機

便祕是惡性循環，爸媽不應忽視

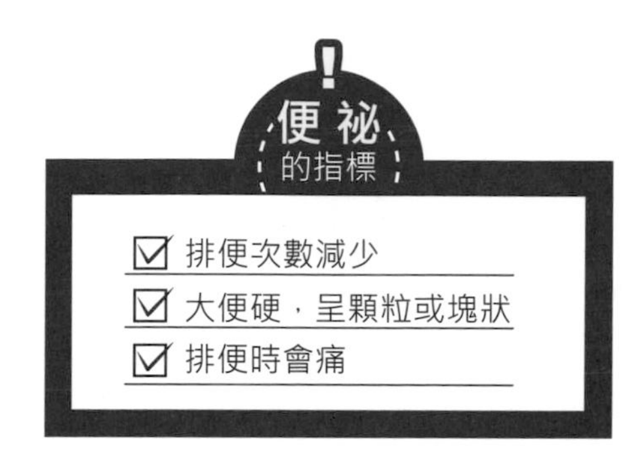

便祕最重要的指標不在次數，而是排出硬便，排便時常常必須很用力，造成疼痛、甚至肛門裂傷流血，寶寶會哭鬧並害怕排便。由於硬便不容易排出，次數通常都是減少的，常常變成 2 ~ 3 天一次或甚至更久；不過也有些寶寶每天都會排便，甚至一天排兩、三次，但每次只排一小塊或幾粒乾燥的羊屎便，這樣還是算「便祕」。相反地，兩天排便一次但排出來的是軟便，或者吃母奶的寶寶好幾天甚至一個星期才排便一次，排出的是稀糊便，都不算是便祕。

請家長特別注意，1 歲以下的嬰兒幾乎都是糊狀便，1 歲以上才漸漸成形，所以如果 1 歲前解出成形的大便（常常是壓扁的塊狀）**，已經屬於輕微便祕了。**

 造成嬰兒「便祕」的可能原因

嬰幼兒的便祕只有少部分是由疾病引起的，例如巨腸症、先天肛門直腸異常、牛奶蛋白過敏等，絕大部分都屬於「功能性便祕」，意思是排便的「功能」不正常，常見的原因包括：

1 體質 如果爸媽本身有便祕，孩子便祕的機率會增加，可能與遺傳、飲食型態都有關。

2 配方奶 吃母奶的寶寶很少發生便祕，配方奶雖然成分大同小異，不同廠牌在蛋白質、脂肪、果寡糖方面還是有些許差異，嬰兒大便的型態也會有所不同。某些黃豆蛋白配方會產生較硬的大便，相反的某些水解蛋白配方產生的卻是較稀軟的大便；吃某種廠牌會便祕的寶寶，常常換了另一種就不會了。

3 飲食改變

「剛開始吃副食品」是成長過程中第一個容易發生便祕的階段，通常是因為水分和纖維質不足，大便就會比較乾燥不易排出，尤其國人偏好餵食稀飯，精製白米的纖維質含量是很低的。

1歲以後某些斷了母奶改喝牛奶的寶寶也會發生暫時性便祕，原因目前並不清楚，可能是腸胃不適應的關係。

4 生病吃藥

孩子生病的時候胃口常常會減低，水分攝取會比平日少，加上發燒時經由皮膚又損失了一部分的水分，身體裡的水分相對不足；此外服用一般的感冒藥（例如流鼻水常用的抗組織胺），便祕是很常見的副作用之一，因此使暫時性便祕的機率增加。

兒科醫師有話說

國內的孩子常因小病吃很多藥，其實感冒、腸胃炎這些常見的病幾乎都是病毒感染，是靠自己的免疫力痊癒的，服藥的效果相當有限，而藥物引起的副作用雖然大多不嚴重，但像便祕這樣的小問題處理不當也會演變成慢性的大問題，不得不慎。

請注意！不論「觸發」因素是什麼，都可能會啟動「惡性循環」

不少爸媽看到寶寶便祕，一開始會很緊張，但時間一長反而變得不太在意，認為孩子的排便型態也許就是這樣了，了解下圖惡性循環後，就會知道任何便祕都不應等閒視之，否則「暫時性便祕」演變成「慢性便祕」就不易處理了！所以一旦有便祕情況發生，建議先請醫師診斷並配合治療，尤其是4個月以下的嬰兒，還必須特別注意是否是疾病導致的便祕。

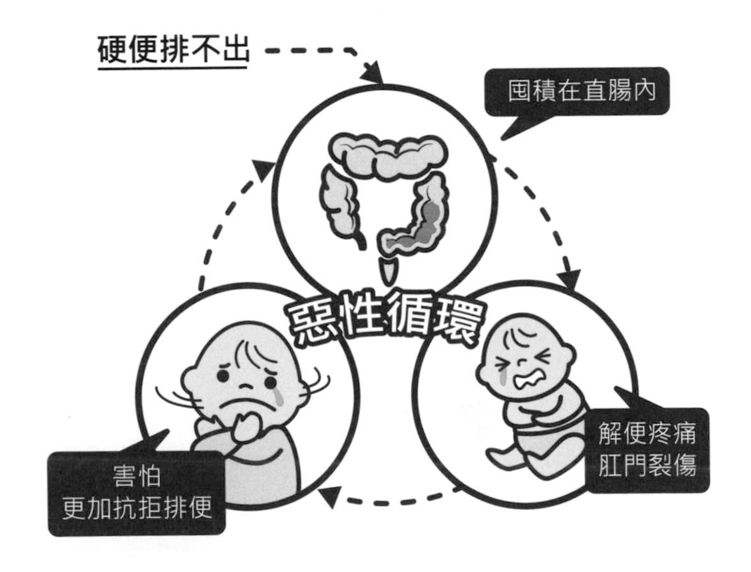

 寶寶「便祕」怎麼吃？

如果是暫時性、輕微的的便祕（解便時不會痛或流血），並不一定需要藥物治療，加強水分和纖維質攝取就會改善，但是當便祕已經進入惡性循環，孩子視排便為畏途的時候，藥物（軟便劑）治療就很重要了，否則不容易中斷惡性循環，請家長務必跟醫師合作。

即使已在服用軟便劑，飲食的配合還是很重要，一方面對症狀改善有加成效果，一方面也藉機建立**健康的飲食習慣**，預防日後便祕再發。

1 攝取足夠的水分

足夠的水分可以增加大便的體積，刺激腸蠕動使排便順暢。

(1) 果汁

雖然一般 6 個月以下的寶寶不建議給果汁，但便祕例外，4 ~ 8 個月的寶寶可以讓他們每天攝取李子、蘋果或梨子原汁 60 ~ 120CC（其他的果汁不太有幫助），8 個月以上可以給到 180CC。

(2) 水分

攝取過多的水分其實對便祕並沒有什麼好處，但至少水分要「足夠」。1 歲以內的嬰兒每公斤體重大約需要 100CC，1 歲以上大約 85CC，除了奶和果汁，其他應以開水補足。

兒科醫師有話說

為何選擇李子汁、蘋果或梨子汁？因為這些水果含有「山梨醇」（sorbitol）的成分，它的滲透壓較高，會使大便的水分增加，有輕瀉利便的效果。其中李子（又稱加州梅或西梅）含有最多山梨醇，除了新鮮的，市面上也買得到進口果乾（常譯作加州黑棗）和果汁（常譯作黑棗汁，prune juice)。如果小寶寶已經開始吃副食，也可以餵他吃些這類水果製成的果泥，對改善便祕有很好的效果。

❷ 攝取富含膳食纖維的食物

纖維可以分成兩種：

(1) **可溶性纖維**：會吸收水分，軟化的大便比較容易排出。

(2) **不溶性纖維**：不會被腸道吸收，可增加大便體積，刺激腸道蠕動，使大便容易排出。

不溶性纖維預防和治療便祕的效果比可溶性纖維好。

所謂「**富含膳食纖維的食物**」是指每份含有 3 公克以上纖維的食物，包括各種蔬菜、水果（特別是奇異果、梨子、桃子、柳橙、草莓、蘋果、木瓜）、豆類、根莖類（地瓜、馬鈴薯）和全穀類。

2 歲以下的嬰幼兒每天需要的纖維量大約為 5 公克，其實纖維過多也不見得對便祕更有幫助，只是大部分孩子平日的攝取量都不足。

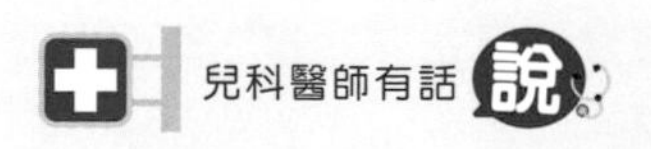

請注意精製白米的纖維質含量很低，便祕的嬰兒可以用五穀米代替白米煮粥，或以嬰兒麥粉代替米粉，例如將麥糊混合豌豆泥，再加上含山梨醇的果汁攪勻，就成為一頓利便的副食。

寶寶吃益生菌對便祕會有幫助嗎？

雖然有些研究聲稱益生菌對治療便祕有幫助，但目前研究證據還不足，不過因為益生菌的副作用很少，如果爸媽想給孩子試吃看看，也沒什麼不可以。

聽說配方奶添加的鐵質會造成寶寶便祕，是否應該選擇低鐵奶粉呢？

坊間傳言配方奶內添加的鐵質可能造成便祕，其實是錯誤的訊息。鐵質對寶寶的成長發展相當重要，醫學研究也早已證實含鐵配方並不會引起腸胃症狀，因此目前市售的嬰兒奶粉幾乎全面性地都添加了鐵質，建議家長不要因為寶寶便祕而捨棄含鐵配方奶。

聽說通便會成習慣，應該儘量不要？

當乾又硬的大便卡在肛門口，孩子使盡了力氣也解不出的時候，通便是馬上解決問題的方法，但經常通便效果會愈來愈不好，自然的「便意」也會逐漸消失；此外目前市售浣腸球的成分是甘油或氯化鈉（或兩者混合），甘油本身對直腸黏膜會造成刺激，家長若操作浣腸球不當也可能傷害到黏膜組織，所以並不建議經常使用。嬰兒解不出便便的時候，可以將肛溫計或稍粗一點的棉花棒先用凡士林潤滑後，放進肛門輕輕的刺激直腸黏膜，會是比較安全的做法，但也只建議偶爾使用。

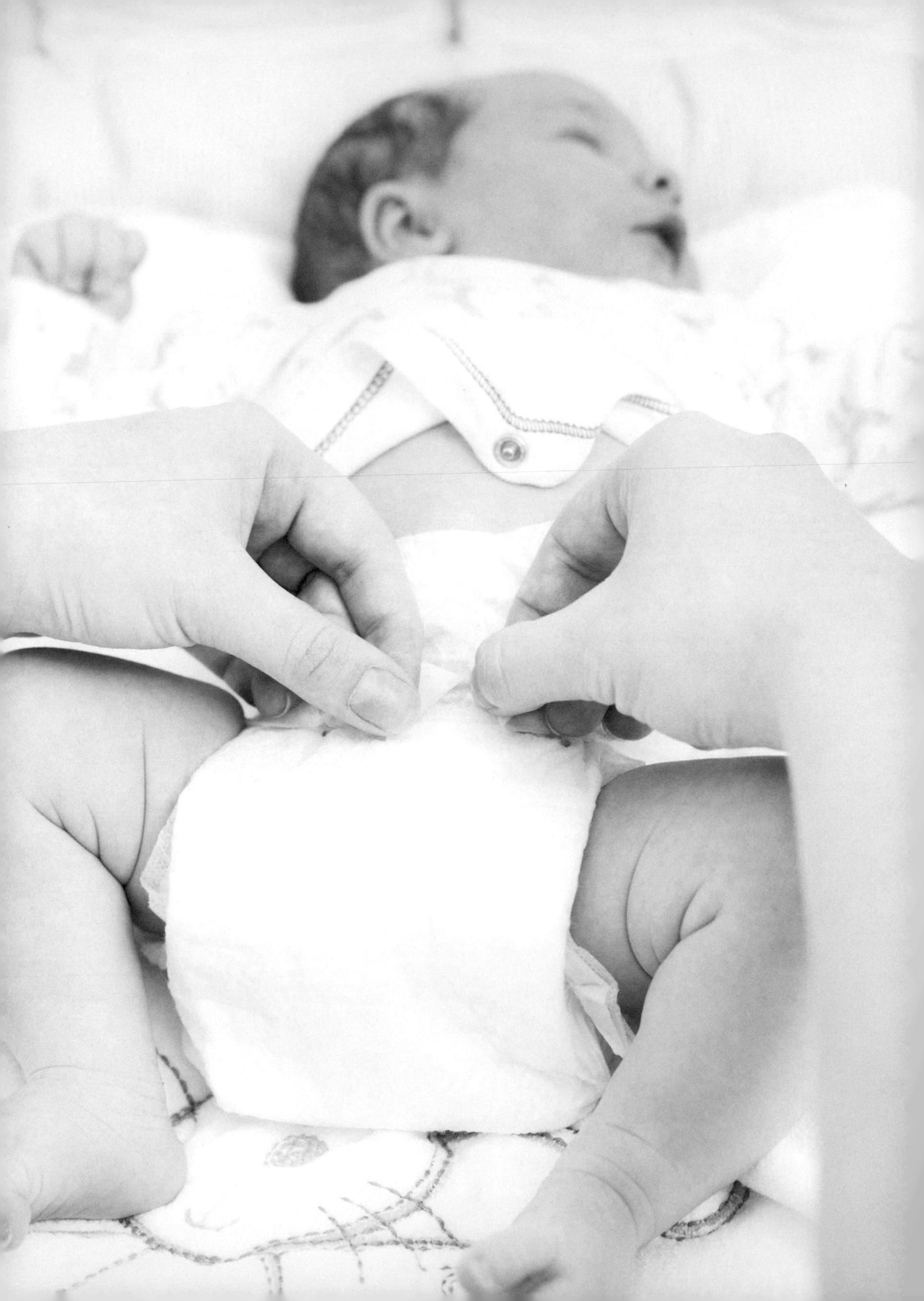

第10章

有機基改看分明
食品安全面面觀

近年來食安及環保問題引起社會大眾的重視，大家對食材的選擇更加謹慎，也興起了一股「吃有機」、「反基改」食品的風潮。有些媽媽會問我需不需要多花錢購買「有機食物」給孩子吃？有什麼特別的好處？吃「基改食物」真的有風險嗎？此外如何避免「食物中毒」也是家長想知道的，現在就跟著春嬌妹一起補充關於食品安全的知識養分吧！

食在安心，爸媽有責
有機食物大揭祕

該不該買有機食物給孩子吃？

有機食物是什麼？

種植的土地**不使用化學肥料及殺蟲劑**

家畜、家禽在有機環境飼養，**不使用抗生素及荷爾蒙**

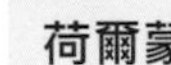

有機食物是指在生長和處理過程中，未曾使用化學肥料和殺蟲劑的食物；如果是家畜和家禽，則是在有機環境中飼養，而且飼養過程中不使用荷爾蒙及抗生素；其中有機的種植條件比飼養條件容易達成，因此植物性食物占的比例遠高於動物。有機食物市場占有率逐年提升，通常價錢較高，但它們是否比較健康？或比較安全呢？

有機不有機 認證看分明

在台灣，「有機」可不是自己說了算，國產品必須通過農委會公告的民間認證機構（目前有 13 家）相關檢驗，並依規定標示官方 CAS 認證標章及認證機構的專屬標章，才可以「有機」名義販售。

進口有機產品除了具備國外驗證結果，也必須像國產品一樣通過民間認證機構的檢驗，再向農委會申請核發同意文件，並在產品上標明「有機標示同意文件字號」，才能以有機名義販售。

有機食物 更健康？更安全？

有機食物因為成本高、產量少，再加上額外的認證費用，價錢比一般食物貴，消費者多花這些錢不外乎希望吃得更健康、更安全，但它們真的有這樣的價值嗎？

健康觀點

一、營養價值與一般食物並無明顯差異

消費者大多認為有機食物比較營養，但相關研究受限於許多外在因素（例如地區、土壤狀況、氣候、收成時間、儲藏、運送、牲畜品種、飼料品質等）的不同，無法呈現一致的結論。

基本上有機食物所含的碳水化合物、礦物質及維生素都跟一般食物沒有明顯差異，但有機蔬菜類所含的硝酸鹽（可能增加消化道癌症的風險）和蛋白質可能較低，有機肉類的多元不飽和脂肪酸總含量和 omega-3 多元不飽和脂肪酸可能較高一些。有機牛奶的營養成分和一般牛奶差異也很少。

二、無證據顯示有機食物可以降低嬰兒過敏機率

有些爸媽為了降低過敏風險，特別選擇有機食物給 1 歲以下的嬰兒吃，但目前並沒有任何醫學證據證實有這樣的效果。

安全觀點

一、微生物汙染機率是一樣的

有機食物一樣會被微生物（主要是細菌）感染，因此適當地儲藏、煮熟、保持手和廚具清潔、避免肉或禽肉交叉汙染到其他食物等預防措施都是必要的。

二、天然毒素同樣可能產生

植物性食物久放可能產生天然的毒素，例如花生和穀類的黃麴毒素、馬鈴薯的龍葵素等，有機食物也不例外，但這類毒素少量對人體是無害的。

三、殺蟲劑殘留量確實較低

即使有機食物強調不使用合成的化學殺蟲劑，仍然可能藉著風、土壤、地下水等來源被汙染，但相較之下有機食物的殘留量確實比一般食物低很多。

補充：合成殺蟲劑的優缺點

【優點】

1 增加收成，延長供應季節。

2 增加保存期限，延緩黴菌生長。

【缺點】

雖然每一個國家對殺蟲劑都有很多的安全規範，但種植作物大量地噴灑殺蟲劑、除草劑，還是難免會有殘留，殘留的殺蟲劑對健康會不會有什麼不良影響呢？

1 若過度暴露，短期引起噁心、頭暈，長期引起神經、發展或生殖異常。

2 一般食物中少量的殺蟲劑殘存對大部分的人並不會造成健康問題，但嬰幼兒的神經系統正快速發展，特別容易受到影響，以下的因素又增加了他們暴露的風險：

單位體重（例如每公斤）攝取比較多食物，特別是蔬菜和水果

食物種類不如大人多元化，比較會在一段時間內攝取大量的單一食物

胎兒、嬰兒可能經過胎盤或母奶增加暴露機會

喜歡在地上玩、衛生習慣不好

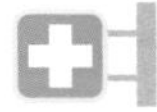 兒科醫師有話 

雖然不論一般食物或有機食物中殘存的殺蟲劑都在安全規範內，但為了儘量降低嬰幼兒暴露的風險，只要爸媽經濟能力許可，購買殘留量較低的有機食物給孩子吃是相當合理的消費行為。

四、持久性有機汙染物無法避免

環境中可能致癌的有機汙染物例如汞、戴奧辛、多氯聯苯等都是不會消失的，有機肉類裡面一樣含有這些物質。

五、荷爾蒙

消費者購買有機食物的其中一個主要原因是避免飼養動物時使用的荷爾蒙，包括生長激素和性荷爾蒙：

◆ 生長激素 ◆

飼養牛隻普遍會使用「生長激素」來增加奶量，這樣可以減少飼養數目，算是比較環保的作法。研究發現一般牛奶的生長激素殘留並不比有機牛奶多，而且其中 90% 會被「巴斯德消毒法」破壞，所餘的會被人體的胃酸降低活性，即使沒有被完全破壞，生長激素有物種特異性，牛的生長激素基本上對人是沒有生理作用的，因此對健康無虞。

◆ 性荷爾蒙 ◆

一般牛隻常使用性荷爾蒙以加速生長、增加產肉量，吃進人體的女性荷爾蒙（動情素）是否會造成性早熟？雖然有此顧慮，但目前為止有限的醫學研究並沒有證據支持這種推論。

六、非治療性抗生素

預防性的抗生素可以促進家畜、家禽生長及預防疾病，所以用得相當廣泛。由於這些抗生素跟人類所使用的相同或類似，醫學上合理懷疑這樣的做法可能會產生一些抗藥性的細菌，但目前仍欠缺臨床證據。攝取有機食物「理論上」可以減少被這類細菌感染的風險。

兒科醫師有話說：

目前已知有機食物對孩子「可能的」好處，一是殺蟲劑殘留量低，二是不使用抗生素，但兒科醫學界認為讓孩子攝取足夠的、多樣化的食物以獲得均衡的營養可能比這兩者更加重要。因此若家庭經濟狀況許可，為了保護環境或得到這些可能的好處，選擇吃有機食物並無不可，甚至是合理的消費行為；但如果因為消費額過高而限制孩子攝食的量或種類（尤其是蔬菜、水果類），反而得不償失了！

預算有限的家庭，該如何增加食物安全？

你或許會問，假如經濟能力無法負擔價格較高的有機食物該怎麼辦？春嬌妹提供下面的一些方式，也可以減低殺蟲劑的殘留量，或增加食物的安全性喔！

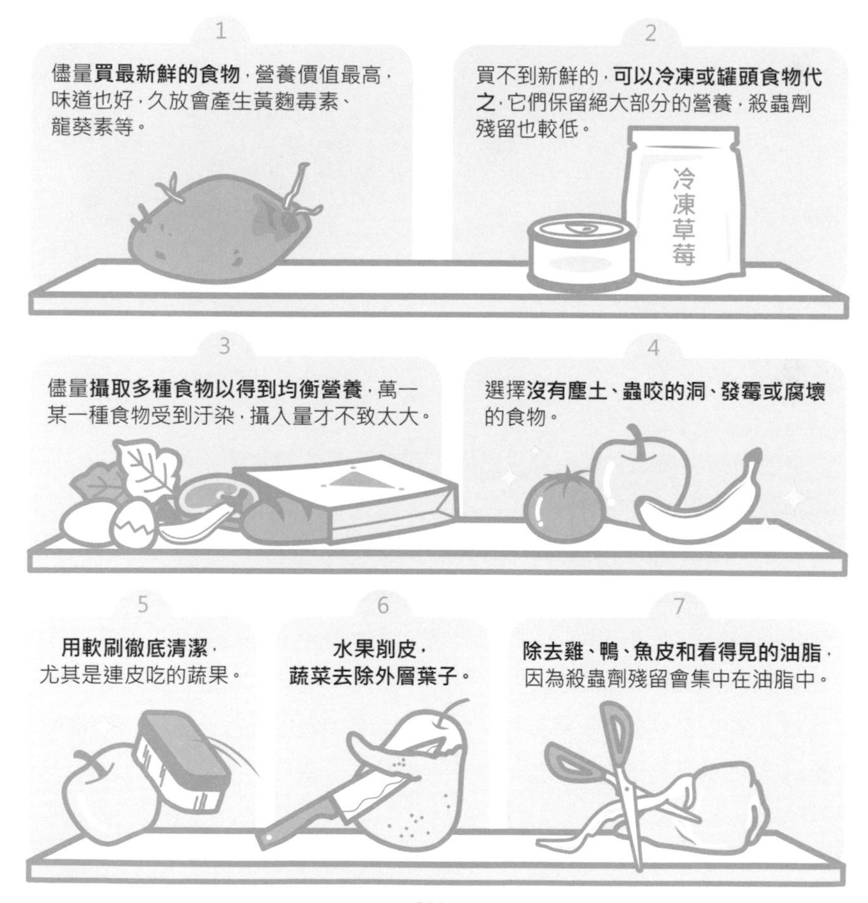

吃基因改造食物有風險嗎？

基改食物可能造成的衝擊和影響

基因改造食物是什麼？

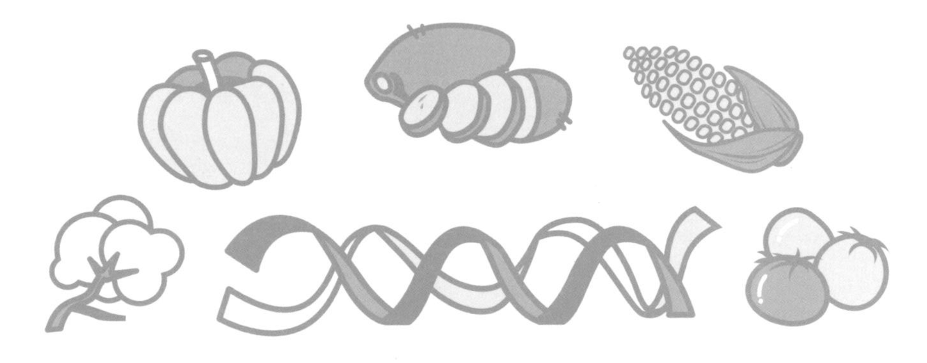

「基因改造」是指科學家利用基因工程或分子生物技術，把一個生物的遺傳物質轉移入另一生物體內，產生基因重組現象，以使此生物表現出外來基因的特性。經由基因改造技術而生產的食物稱為「基因改造食物」，具有生長快速、營養價值改良、抗蟲、抗病、抗除草劑、抗低溫、延長保存期限、耐運送或利於加工等優點，因此已經被全球大量使用。目前基因改造食物多為大面積種植的農作物，動物只占少數，美國、南美、中國及印度等耕作土地面積大的國家，基改作物占的比例愈來愈高，其中大豆、玉米、棉花和油菜籽占了 99%，其他包括番茄、木瓜、馬鈴薯、南瓜、水稻等。

基改食物 可能造成的衝擊和影響

很多人聞「基改」色變，主要的擔憂來自兩方面，一是對自然界造成的衝擊，目前看來已經是無法避免了；二是對人體的安全顧慮，由於醫學界還不清楚基改食物對健康長期的影響，目前並沒有明確的建議，只能靠爸媽自由心證。

自然界

破壞生態平衡

基改的目的絕大部分是為了抗除草劑、抗蟲，或兩者都有。以基改棉花「BT COTTON」為例，BT 是一種在土壤中常見的細菌，可以產生超過 200 種對蟲有害的毒素，科學家將它的基因片段取下，轉移到棉花裡，BT 基改棉花因此能夠產生天然的殺蟲成分，抑制主要的棉花害蟲 - 螟蛉繁殖，減少了殺蟲劑的需求，短短幾年內就取代了 90% 的一般棉花，但也衍生許多問題。螟蛉少了，意謂著吃這些蟲的生物（鳥、青蛙等）食物來源中斷，而其他次要害蟲如小綠葉蟬、蚜蟲反而趁勢崛起，自然界的生態平衡法則被擾亂了，將使物種消失的速度惡化。

引發害蟲的抗藥性

例如 BT 基改棉花由於次要害蟲的崛起，農人仍然必須噴灑殺蟲劑控制蟲害，實際使用的殺蟲劑量並沒有減少，而且時間一長，自然會產生具更強抵抗力的物種，根據報導，具抗藥性的螟蛉已經出現了。

自然界汙染更加擴大

由於基改作物能夠抗除草劑，農人反而更肆無忌憚地噴灑除草劑，經過調查統計，種植基改作物的除草劑使用量甚至比傳統作物還多，除了對自然界的汙染，還可能促成具抗藥性的超級雜草。

人 體

過敏

大部分的過敏原都是蛋白質，基因改造技術會改變食物原來的蛋白質組成，例如將花生的一段基因轉入番茄，對花生過敏的人吃到番茄可能因此引發過敏，甚至威脅性命，因此上市前必須做更多測試，證實基改後產生的蛋白質跟原先的過敏原是否相似，如果相似，會不會造成交叉過敏反應。

毒素

為了基因改造成功，必須同時轉入「啟動基因」，是否本來不會產生的毒素因而產生？仍是未知數。

素食者、宗教信仰者

基因改造將動物基因轉移到食用植物的例子越來越多，例如將北極某種魚類的基因片段轉到番茄上，達到抗凍的效果，素食者或宗教信仰者將無所適從。

基改來襲 爸媽如何應對？

基改食物亟需安全檢測和管理規範，但目前全世界都尚未落實，各國的標示規定也不盡相同。好在台灣目前進口的基改作物只有黃豆、玉米、棉花、油菜及甜菜五種，本地農業則沒有任何一種基改作物被核准栽種，因此若爸媽不想讓孩子吃到基改作物，可以儘量選擇在地種植的食物，或認明標示是否有「基因改造」、「GMO」字樣。

病從口入 遠離食物中毒

處理食物要注意細節，才能避免病痛上身

食物中毒的致病因

「食物中毒」只是一個俗稱，醫學上正確的說法應該是「食源性疾病」，也就是經過食物或飲水傳遞病菌或其他有害物質而得到的疾病，其中由微生物（細菌、病毒、寄生蟲）及其毒素引起的占最大宗。

嬰幼兒由於免疫系統尚未發育健全，很容易得到這類的疾病，一旦發病症狀也比較嚴重，不但照顧困難，而且可能引起脫水等併發症，因此避免感染還是最重要的。

最常造成食物中毒的微生物

- **諾羅病毒**
- **沙門氏菌**
- **產氣莢膜梭菌**
- **曲狀桿菌**
- **金黃葡萄球菌**

其他還有大腸桿菌O157:H7、弓形蟲、李斯特菌、A型肝炎病毒等。

「食物中毒」和「急性腸胃炎」有什麼不同？

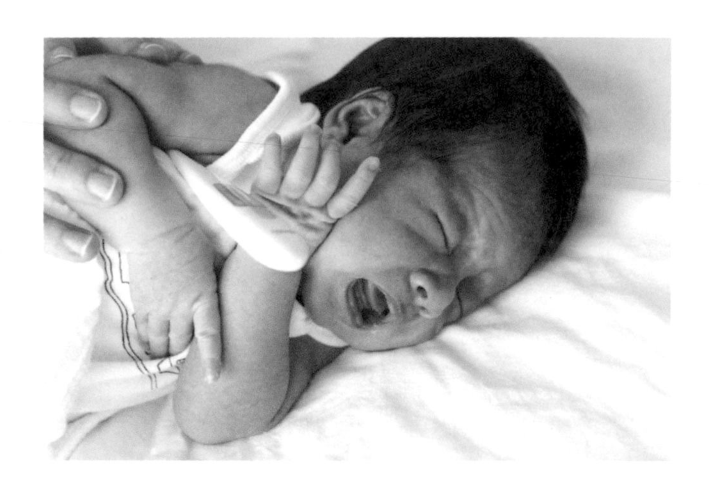

急性腸胃炎指的是腸胃出現急性發炎的現象，食物中毒占了其中一部分，其他是由病毒感染引起，包括輪狀病毒、諾羅病毒、星狀病毒、腺病毒等，傳染途徑主要是人和人之間的接觸傳染（糞口傳染）。食物中毒和病毒性腸胃炎症狀相似，臨床上常常不易區分，如果一群人吃了同一種食物或同一家餐廳的餐飲之後一起發病，或症狀開始得很急很猛，比較可能是食物中毒。由於治療的方式類似，若未能區分兩者影響並不大。

嬰幼兒食物中毒 常見症狀

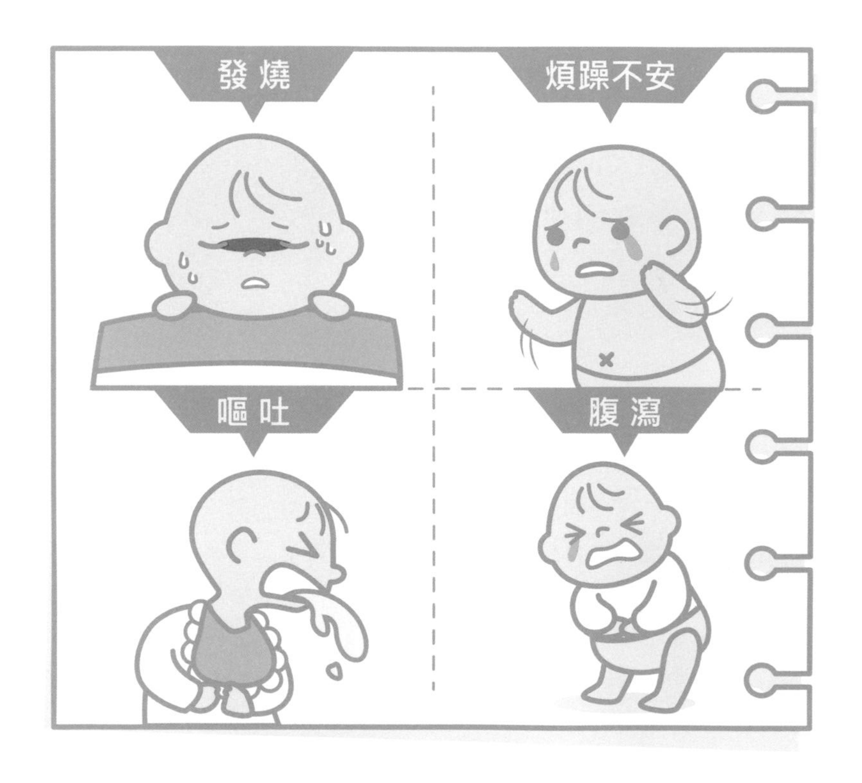

「食物中毒」在大孩子及成人大多能自癒，但嬰幼兒卻有可能很嚴重，也容易脫水，若他們嘔吐不能進食或腹瀉次數多還是必須就醫。

爸媽容易忽略的 食物處理 小細節

食物儲藏或烹調不當

砧板、盤子、流理台交叉汙染

沙門氏菌是最好的例子，它存在於生的牛、豬肉、家禽肉、蛋和牛奶中，最常受到汙染的情況一是砧板上曾切過生的禽肉，又用來切蔬菜水果，而後直接生食或沒有再經過完整烹調；二是將切好的生食材放在盤子中，烹調後又盛回未經洗滌的盤子裡；此外，流理台的汙染也是可能的途徑。

「手」汙染食物

「手」是最主要也最容易輕忽的汙染媒介，上廁所、換完尿布、摸了寵物未洗淨雙手就去處理食物，傳遞病菌的機率很高。

食安祕笈看過來！如何預防食物中毒

除了靠政府替食物加工、儲存、運送等過程和餐廳及工作人員的衛生條件把關，爸媽還可以做什麼呢？

1. 不讓孩子喝未經巴斯德消毒法處理過的生乳或含生乳的食物
2. 用乾淨自來水徹底清洗生蔬果
3. 保持冰箱冷藏室 ≤ 4.4℃，冷凍庫 ≤ -17.8℃
4. 煮好的食物儘快吃完
5. 生的豬牛肉、家禽、魚等，跟其他食物分開處理

   建議家中準備生、熟食分開的砧板並勤於洗滌，盤子要洗乾淨再回盛，並注意流理台清潔。

生食砧板

熟食砧板

6. 勤洗手

7. 充分煮熟動物性食物，最好使用溫度計確保肉品內部的溫度

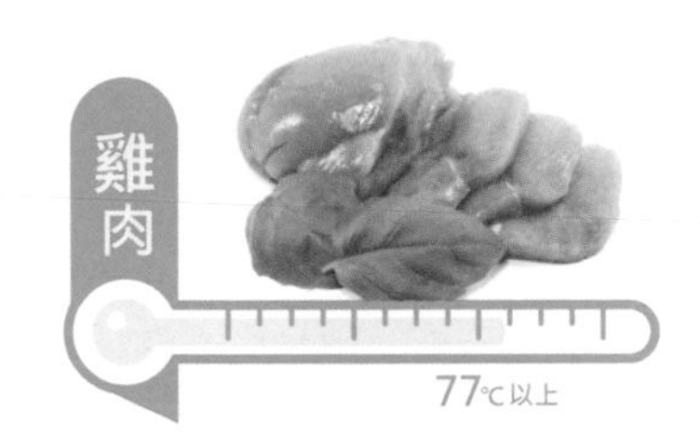

8. 徹底煮熟海鮮以免感染寄生蟲疾病

> 聽說生魚片冷凍過可以殺死微生物？
>
> 生魚片經過冷凍，只能殺死部分的微生物，此外師傅的雙手也可能是汙染源，這是另一層風險，因此免疫力較弱的人（例如嬰幼兒）應該避免吃生的魚或海鮮，以減少食物中毒的風險。

9. 蛋要充分煮熟至蛋黃凝結

10. 不吃的食物儘快放入冰箱

儘量在2小時內放入冰箱，若室溫 >32℃，1小時內就要放入冰箱。

11. 避免一邊準備食物一邊照顧嬰幼兒

嬰幼兒少吃這些食物為妙

不吃熱狗、燻製香腸、各種冷卻的熟肉、罐頭肉，**除非經過加熱**

不吃超市賣的沙拉，如雞肉、海鮮、火腿沙拉

注意起司用的牛奶是否**經過巴斯德氏消毒**

不吃冷藏的煙燻海鮮(鮭魚等)，**除非經過加熱**

不吃冷藏的肉類塗醬

儘量不吃剩菜，因**李斯特菌**在冷藏室仍會繁殖

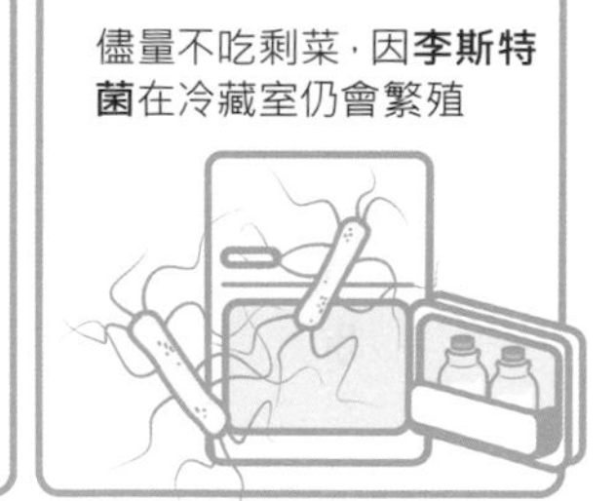

✪ 加熱應至完全冒煙再食用，不要使用微波爐，因為它加熱不平均，可能有些熟了，有些卻沒熟。

資深兒科醫師開講 0-2歲寶貝的飲食全攻略

作　　者　朱曉慧醫師、春嬌妹
總 編 輯　黃奕璇
行銷協理　潘寶蓉
行銷經理　徐温琇
封面設計　黃美齡
設計總監　謝佳君
美術編輯　馬頊璟
插　　畫　陳亭君
出 版 者　香港商田原香有限公司台灣分公司
台南市永康區東橋二街71巷12號
電話：0800-556677
讀者信箱：0800556677@qchicken.com.tw
製版／印刷／裝訂　承竑設計印刷有限公司

出版發行
橙實文化有限公司
ADD／桃園市大園區領航北路四段 382-5 號 2 樓
2F., No.382-5, Sec. 4, Linghang N. Rd., Dayuan Dist., Taoyuan City 337, Taiwan (R.O.C.)
TEL／（886）3-381-1618　FAX／（886）3-381-1620
MAIL: orangestylish@gmail.com
粉絲團 https://www.facebook.com/OrangeStylish/

經銷商
聯合發行股份有限公司
ADD／新北市新店區寶橋路 235 巷 6 弄 6 號 2 樓
TEL／（886）2-2917-8022　FAX／（886）2-2915-8614

初版日期 2019 年 3 月

不只是家常菜，

是讓人想回家

吃飯的好味道。

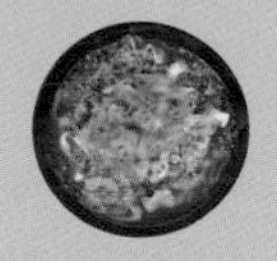
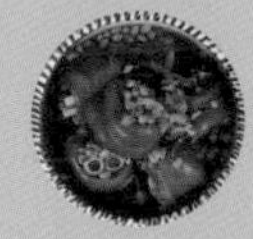
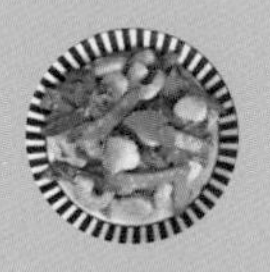
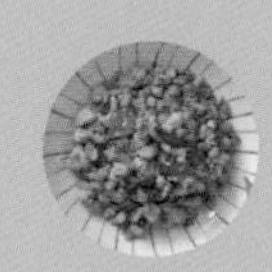
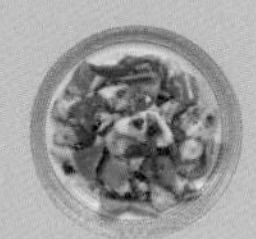

不只是家常菜，
是讓人想回家
吃飯的好味道。

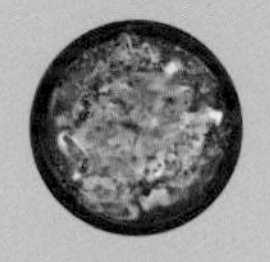

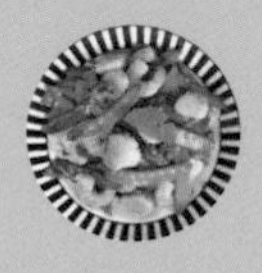
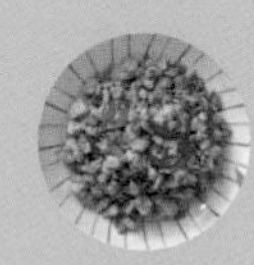

Orange Taste 23

不只是家常菜，是讓人想回家吃飯的好味道

——ㄚ樺媽媽一生必學的101道暖心家常菜

作者：ㄚ樺媽媽

出版發行
橙實文化有限公司 CHENG SHI Publishing Co., Ltd
粉絲團 https://www.facebook.com/OrangeStylish/
MAIL: orangestylish@gmail.com

作　　者　ㄚ樺媽媽
總 編 輯　于筱芬　CAROL YU, Editor-in-Chief
副總編輯　謝穎昇　EASON HSIEH, Deputy Editor-in-Chief
業務經理　陳順龍　SHUNLONG CHEN, Sales Manager
美術設計　楊雅屏　Yang Yaping
攝　　影　陳順龍　SHUNLONG CHEN
製版／印刷／裝訂　皇甫彩藝印刷股份有限公司
贊助廠商

出版發行

橙實文化有限公司 CHENG SHIH Publishing Co., Ltd
ADD／桃園市大園區領航北路四段382-5號2樓
2F., No.382-5, Sec. 4, Linghang N. Rd., Dayuan Dist., Taoyuan City 337, Taiwan (R.O.C.)
MAIL: orangestylish@gmail.com
粉絲團 https://www.facebook.com/OrangeStylish/

經銷商

聯合發行股份有限公司
ADD／新北市新店區寶橋路235巷弄6弄6號2樓
TEL／（886）2-2917-8022　FAX／（886）2-2915-8614
初版日期 2022年12月

| DELICIOUS RECIPES | 11 |

萬用清雞高湯

材料

1 雞骨架 2副
2 紅蘿蔔 1根
3 洋蔥 1個
4 西洋芹 1～2枝
5 新鮮平葉巴西利 5枝
6 新鮮百里香 5枝
7 新鮮月桂葉 3片
8 水 2000～2500c.c.

步驟

1 紅蘿蔔切半、洋蔥切半、西洋芹切段備用。
2 雞骨架冷水下鍋川燙，夾起用清水洗淨。
3 冷水將所有材料放進湯鍋裡，沸騰後撈除浮沫，轉小火，保持微微滾，蓋上一張烘焙紙(或是鍋蓋)，煮1小時後過濾即可。

ml 1000
900
800
700
600
500
400
300
200
100

柴魚鬆步驟

1　將醬油、細砂糖放入碗中，攪拌至糖融備用。
2　炒鍋中不放油，將煮過的柴魚片放入，小火炒至乾爽無水分。（狀態為用手捏有點脆。）
3　續放入步驟 1 醬汁，慢慢炒至乾爽有香氣，放入白芝麻粒拌勻即可。

柴魚片拌飯鬆材料

1　煮過的柴魚片　1 份
　（以示範中高湯使用的柴魚份量為例）
2　醬油　2 大匙
3　細砂糖　2 大匙
　（細二砂糖、細冰糖、麥芽糖等皆可）
4　熟白芝麻粒　1 大匙
　（可稍稍磨碎，香氣較足）

㊟ 可以加麥芽糖，芝麻粒會較容易附著在炒香的柴魚片上。